你的坚持，
终将成就无可替代的自己

宝剑锋从磨砺出，梅花香自苦寒来。
切莫垂头丧气，即使失去了一切，你还握有未来。

李 菊 编著

煤炭工业出版社
·北京·

图书在版编目（CIP）数据

你的坚持，终将成就无可替代的自己/李菊编著.
——北京：煤炭工业出版社，2018（2021.6 重印）
ISBN 978-7-5020-6480-8

Ⅰ.①你… Ⅱ.①李… Ⅲ.①成功心理—通俗读物 Ⅳ.①B848.4-49

中国版本图书馆 CIP 数据核字（2018）第 017380 号

你的坚持　终将成就无可替代的自己

编　　著	李　菊
责任编辑	马明仁
编　　辑	郭浩亮
封面设计	浩　天

出版发行　煤炭工业出版社（北京市朝阳区芍药居 35 号　100029）
电　　话　010-84657898（总编室）
　　　　　010-64018321（发行部）　010-84657880（读者服务部）
电子信箱　cciph612@126.com
网　　址　www.cciph.com.cn
印　　刷　三河市京兰印务有限公司
经　　销　全国新华书店
开　　本　880mm×1230mm^1/$_{32}$　印张　8　字数　150 千字
版　　次　2018 年 1 月第 1 版　2021 年 6 月第 3 次印刷
社内编号　9360　　　　　　　定价　38.80 元

版权所有　违者必究
本书如有缺页、倒页、脱页等质量问题，本社负责调换，电话:010-84657880

前 言

　　一个企业的成功，需要每位员工都能及时地、一丝不苟地去执行；没有执行，一切都是空想、空谈，一切完美的目标与计划都会夭折。每个人都不缺乏对成功的渴望与梦想，真正需要的是把梦想变成行动、把行动变成结果的执行力。执行力是获得成功的必要保障。

　　现代社会中，我们所面临的一个最大问题就是没有执行力。比尔·盖茨曾说："在未来的10年内，我们所面临的挑战就是执行力。"杰克·韦尔奇曾说："管理者的执行力决定企业的执行力，个人的执行力则是个人成功的关键。关注执行力就是关注企业和个人的成功！"

　　事业的辉煌，需要我们通过执行去获得，我们不能做语言上的巨人、行动上的矮子，而应当不断提高自己的执行力，轻松应对职场变化，解决各种问题，以最快的速度、最短的时间、最少的投入、最高的效率，将每一项工作都出色地执行到位。

当然，人生就是一场艰难的跋涉。我们从出生的那天起，就开始了一生的征程。

人生的旅途也总是坎坎坷坷。我们接受着生活的考验，也体会着人生的酸甜苦辣。

每个人都渴望成功，每个人都希望自己能有一个辉煌的人生，但事实并非如我们所愿，行程中并非总是一帆风顺，生活中也总是会遇到风风雨雨。

面对困难，有的人选择了逃避，有的人选择了放弃，有的人甚至自暴自弃。

世界上最可怜的人，就是自暴自弃者。孟子说："自暴者，不可与有言也。自弃者，不可与有为也。"就是说人不可自暴自弃，一旦自暴自弃，就没法做人做事。

所以，我们要相信自己、爱惜自己，我们不能放纵自己，更不能抛弃自己。

目 录

|第一章|

贵在坚持

坚持,永不放弃 / 3

坚持不懈的心态 / 11

坚韧不拔,"再试一次" / 21

坚持就是成功 / 27

永不放弃的态度 / 30

不要放弃希望 / 36

坚持学习 / 40

|第二章|

没什么不可能

重要的是什么 / 47

高标准要求自己 / 52

没有不知道 / 57

记住,这就是你的工作 / 59

生存就是竞争 / 65

任何工作都值得做好 / 68

|第三章|

战胜挫折

经历挫折，才有成功 / 73

战胜困难，迎接成功 / 80

面对挫折需要坚强的毅力 / 84

战胜挫折，把挫折当作测试机会 / 89

勇敢面对困难的挑战 / 97

我为什么会失败 / 102

成功来自于自信 / 107

|第四章|

把工作做到位

执行没有借口 / 113

提高你的标准 / 118

高标准要求 / 124

追求完美 / 132

高调做事 / 137

差之毫厘，谬以千里 / 140

把工作做到"零缺陷" / 144

目 录

|第五章|

执行到位

执行力 / 149

有执行，才有竞争力 / 153

执行要到位 / 157

停止抱怨，去执行 / 161

认真执行下去 / 163

主动打造一流执行力 / 167

|第六章|

服从

服从是一种美德 / 175

视服从为第一要义 / 179

服从就是必须完成工作 / 184

坚决服从 / 190

服从而不盲从 / 195

服从是员工的天职 / 200

服从领导的安排 / 205

将服从训练成习惯 / 210

目 录

|第七章|

赢在行动

立即行动 / 217

抓住机会 / 220

行动决定成功 / 223

赢在行动 / 226

热情是行动的动力 / 232

马上按指令行动 / 238

第一章

贵在坚持

第一章　贵在坚持

坚持，永不放弃

以笔者的观点认为，许多事没有成功，不是由于构想不好，也不是由于没有努力，而是由于努力不够。

笔者好友李雄说过："坚持就是奋进，就是遇到困难绝不放弃的韧劲儿。真正的成功是要坚持永不放弃。"

温斯顿·丘吉尔曾经说过："绝不，绝不，绝不，绝不放弃。"

的确是这样，只要我们有了这种永不放弃的精神，我们也就有了走向成功的保证。

现实告诉我们，那些最著名的成功人士获得成功的最主要原因，就是他们绝不因失败而放弃。小说《哈利·波特》的作者，为了出版这本小说，她跑了许多家出版社，但由于这类的书稿在当时尚无先例，所以很多出版社都不肯出版，她不知道跑了多少家出版社，但得到的结果大多都一样。最后当她打算放弃的时候，就是这种绝不放弃的信念让她坚持下去，以致最终她的愿望得到了实现。

著名的大发明家爱迪生曾经说过："成就伟大事业的三大要素在于：第一，辛勤的工作；第二，不屈不挠；第三，运用常识。"

爱迪生一生的发明无数，就以我们现在所使用的电灯来说，就做了不下千次实验，如果爱迪生没有这种坚持下去的信念，那么，我们现在会有这么明亮的光源吗？爱迪生要是没有这种坚持下去的信念，他会成功吗？事实告诉我们的是"永远不会"。

她是一个对足球十分痴迷的女孩子，为了自己的梦想，每天缠着自己的父亲带她去体校踢足球。父亲百般无奈下，只好带着她到了体校踢足球。在这个学校里，因为这个女孩以前并没有受过规范的训练，所以她踢球的动作、感觉都比不上先入校的队友，这也使得女孩并不突出。很多的时候，她在场上训练踢球时常常受到其他队友们的奚落，说她是"野路子"球员。因为队员的奚落，女孩的情绪一度很低落。她为了进入体

第一章 贵在坚持

校挑选的后备力量中,总是努力地训练着。每次选拔,她都很卖力地踢球,然而终场哨响,这一次她又没有被选中,而她的队友已经有不少陆续进了职业队,没选中的也有人悄悄离队。不过,每当这个时候,这个女孩总是表现出惊人的坚决,她总是在心里对自己说:"你一定能行的,你要坚持下去,只要坚持下去了,你一定能成为一个优秀的球员的。"

这个女孩的教练也总是对她说:"名额不够,下一次就是你。"所以,更加坚定了天真的女孩的希望,使她树立了信心,又更加努力地接着练了下去。

下一次的选拔赛上,女孩仍没有被选上,这时的她实在没有信心再练下去了,她认为自己虽然场上意识不错,但个头太矮,又是半路出家,再加上每次选拔时,她都迫切希望被选中,因此上场后就显得紧张,导致平时的训练水平发挥不出来。她为自己在足球道路上黯淡的前程感到迷茫,就有了离开体校放弃踢球的打算。经过心里的斗争,她找到教练并且告诉教练她想退出了。教练什么也没有说,默默地看着这个平时努力训练的小女孩离开,然而,没有想到的是,第二天,女孩却收到了职业队的录取通知书。她激动不已地马上前去报到。之后，她又去找教练，这次教练对她说了一段话。教练对她说："孩子，以前我总说下一次就是你，其实那句话不是真的，因为我不想打击你，我想的是你听到这句话应该继续更加努力地训练下去啊！"听完这段话，女孩一下什么都明白了。她明白了，只有坚持才会胜利，只有坚持才会成功。

  希望集团的刘永好也说过："现在对我而言，再多一个亿和多几百块钱没什么区别，因为当满足自己生活所需后，钱已经不是你追求的最终目标。支撑一个人不断前进的是不断地追求和奋斗。"

  这是成功者们有了钱以后，对钱的新的认识，从某种意义上讲，只要我们把握了摆脱贫穷的秘诀，成功也就属于我们。

  长跑运动员海尔·格布雷西拉西耶出生在埃塞俄比亚阿鲁西高原上的一个小村里，他小的时候，每天在腋下夹着课本，赤脚上学和回家，他家离学校足足有10公里远的路程。贫穷的家境使海尔·格布雷西拉西耶不可能有坐车上学的奢望，于是，为了上课不迟到，他只能选择跑步上学。每天，海尔·格布雷西拉西耶都一路奔跑，与他相伴的除了清晨凉凉的朝露和高原绚丽的

第一章　贵在坚持

晚霞，还有耳旁呼啸而过的风声。许多年后的今天，海尔·格布雷西拉西耶先后15次打破世界纪录，成为当今世界上最优秀的长跑运动员。由于早年经常夹着书本跑步，以至于他在后来的比赛中，一只胳膊总要比另一只抬得要稍高一些，而且更贴近身体——依然保留着少年时夹着课本跑步的姿势。

我们许多人都在想，如果海尔·格布雷西拉西耶不贫穷，那他会不会成为今天的世界冠军？今天，当海尔·格布雷西拉西耶回顾自己那段少年时光时，他也不无感慨地说："我要感谢贫穷。其他孩子的父亲有车，可以接送他们去学校、电影院或朋友家。而我因为贫穷，跑步上学是我唯一的选择，但我喜欢跑步的感觉，因为那是一种幸福。"

是的，我们谁都不希望贫穷，我们谁都希望过上幸福的生活，可当我们别无选择地遭遇贫穷时，我们要学会把握贫穷给予我们的力量，就像格布雷西拉西耶，因为别无选择而跑步上学。所以，不要放弃。

我们一直在思考：那些成功者为什么在经历重大挫折之后还能够站起来？为什么他们身处险境却不畏缩？为什么一筹莫展之时他们也要想尽办法，努力奋斗？为什么他们面对威胁还能初衷不改？

　　有句话说得很有道理，今天的苦难可能就是明日的辉煌，只要你愿意努力，总会有所成就。人生的机遇，是通过自己的奋斗争取来的。一个创业者在起步阶段，大凡都需要从最简单的工作做起，甚至当搬运工！打个比喻，人就好像那成堆的湿煤，磨难就像那摇篮，颠颠摇摇才能成煤球儿，才能燃烧。

　　天底下没有不劳而获的果实，如果能战胜种种挫折与失败，绝不轻言放弃，使你更上一层楼，那么一定可以达到成功。不管做什么事，只要放弃了，就没有成功的机会；不放弃，就会一直拥有成功的希望。

　　富兰克林也说过类似的话："有耐心的人，无往而不利。"耐心需要特别的勇气，对理想和目标全心地投入，需要不屈不挠、坚持到底的精神。唯有坚韧不拔的决心，才能战胜任何困难。一个有决心的人，任何人都会相信他，会对他给以充分的信任；一个有决心的人，在任何地方都会获得别人的帮助。相反，那些做事三心二意、缺乏韧性和毅力的人，没有人会信任和支持他，因为大家都知道他做事不可靠，随时都会面临失败。

　　许多人最终没有成功，不是因为他们能力不够、诚心不足

第一章 贵在坚持

或者没有成功渴望,而是缺乏足够的耐心。这种人做事时往往虎头蛇尾、有始无终,做起事来,也是东拼西凑、草草了事。他们总是对自己目前的行为产生怀疑,永远都在犹豫不决之中。有时候,他们看准了一项事业,但刚做到一半又觉得还是另一个职业更为妥当。他们时而信心百倍,时而又低落沮丧。这种人也许会在短时间取得一些成就,但是,从长远的人生来看,最终还是一个失败者。世界上没有一个遇事迟疑不决、优柔寡断的人能够真正成功的。

如果对公司的前景做了种种惨淡的描述后,求职者仍然不为所动,意志坚决,同时,言谈举止之中能够做到处处谨慎大方,并能显示忠诚可靠、富有勇气的个性,这样的人才是许多世界顶级大公司所推崇的。没有这些品质,无论才识如何渊博,也无法得到老板的认同。

一位经理在描述自己心中的理想员工时说:"我们所需要的人才,是意志坚定、工作起来全力以赴、有奋斗进取精神的人。我发现,最能干的大多是那些天资一般、没有受过高等教育的人,他们拥有全力以赴的做事态度和永远进取的工作精神。做事全力以赴的人获得成功的机会最多。"

永不屈服的精神是获得成功的基础。的确,大多数年轻人颇有才学,具备成就事业的种种能力,但他们的致命弱点是缺乏恒心、没有忍耐力,所以,终其一生,只能从事一些平庸的工作。他们往往在遇到一些微不足道的困难与阻力时,就不坚持了,这样的人怎么可以担当重任呢?

第一章　贵在坚持

坚持不懈的心态

　　坚持不懈的心态，能使我们得到意想不到的结果，人生一世，每走一步，都必定会积累一些经验和碰到一些挫折、逆境等，但是，你要意识到在这一过程中，经历是必修的课程，其中更包含着智慧的种子，而坚韧的信念能催其发芽并花开一片。在坚韧中最易捕捉灵性的闪现，迎接柳暗花明的大好局面。

　　在许多年前，有个男孩脾气很坏，于是他的父亲就给了他一袋钉子，并且告诉他，每当他发脾气的时候就在后院的围篱上钉一颗钉子。

　　这个小男孩很不服气，但他还是照着父亲所说的做了。第一天，这个男孩钉下了37颗钉子。第二天这个男孩钉下了35颗钉子，第三天33颗，第四天32颗。就这样慢慢地，每天钉子的数量减少了。后来这个小男孩发现控制自己的脾气要比钉下那些钉子来得容易些。

就这样经过了很长的一段时间,这个小男孩终于不再失去耐性而乱发脾气了,于是,他把这件事告诉了父亲。父亲告诉他,从现在开始每当他能控制自己脾气的时候,就拔出一颗钉子。

就这样过了一段时间,当这个小男孩把最后一根钉子拔出来的时候,他又告诉了父亲,他终于把所有的钉子都拔出来了。

这时父亲握着他的手说:"孩子你做得很好,我的好孩子。你能做到这样,作为父亲我真的很高兴,坚持到现在真的不容易,我的好孩子。你知道吗?我为什么要让你每天钉这些钉子,我想你应该已经知道了。"

"我已经知道了,因为胜利是属于快乐的人,属于那些坚持不懈的人。你想让我拥有一种永不放弃的精神。"男孩子说道。

"是的,孩子。对于每一个人来说,人生应该是一次快乐的旅程。当你山穷水尽时,当你驻足观望时,当你灰心丧气时,请你记住:只要你相信生活是美好的,只要你有一个好的心态,只要你坚持不懈,成功就属于你。"

第一章　贵在坚持

通过上面的这个小故事，我们看到，成功永远属于那些坚持不懈的人们。只要拥有了这种心态，那么成功也就离你不远了。

戏剧大师梅兰芳在刚学戏的时候，他的老师说他是眼皮垂，意思就是说，他的眼睛迎风流泪，眼珠转动不灵活。"巧笑倩兮，美目盼兮"，唱旦角的眼睛不好，那还成吗？当时他的亲戚朋友为他担忧，他自己也常发愁。后来，他偶然发现观察飞翔的鸽子可以使眼珠变灵活，于是，他每天一早起来就放鸽子高飞，盯着它们一直飞到天际、云头，并仔细地辨认哪只是别人的，哪只是自家的。就这样梅兰芳盯了好几年鸽子，也就是这样，让梅兰芳练出了舞台上那一双神光四射、精气内涵的秀目。

《生活是美好的》一书的作者契诃夫在他的书中表达了这样的观点：生活是极不愉快的玩笑，不过要使它充满乐趣，要做好却也并不难。为了做到这点，光是中头彩赢20万卢布，得个勋章，娶个漂亮女人，以好人出名，还是不够——这些福分是无常的，而且也很容易失去。为了不断地感到幸福，那就需要：首先，要满足现状；其次，高兴地说："事情原本可能更糟糕呢。"这是不难的。

这就告诉我们，因为态度的不同，同样的工作也会干出不一样的效果；而干同样工作的人，也会有不同的体验和收获。当你用对自己的一切行为负责的态度对待工作时，你才会认真对待工作中的任何一个细节，才会自觉地投入精力，高质高量地去完成任务。

我在《世界上最伟大的推销员》一书中看到过这样的一个故事，说古希腊时，有两个人，为了比高低，打赌看谁走得离家最远，于是，他们同时却不同道骑着马出发了。

一个人走了13天之后，心想："我还是停下来吧，因为我已经走得很远了。肯定他没我走得远。"于是，他停了下来，休息了几天，调转马头返回家乡，重新开始他的农耕生活。

而另外一个人走了7年，却没有回来，人们都以为这个傻瓜为了这个没必要的打赌而丢了性命。

有一天，一支浩浩荡荡的队伍向村里开来，村里的人不知发生了什么大事。当队伍临近时，村里有人惊喜地叫道："那不是克尔威逊吗？"消失了7年的克尔威逊已经成了军中统帅。

他下马后，向村里人致意，然后说："鲁尔呢？我要谢谢他，因为那个打赌让我有了今天。"然而，鲁尔羞愧地说：

第一章　贵在坚持

"祝贺你，好伙伴。我至今还是农夫！"

是的，暂时满足的心态只能使你次人一等。生活中有多少人都是这样成为次人一等者的。一个有生气、有计划、克服消极心态的人，一定会不辞劳苦，坚持不懈地向前迈进，他们从来不会想到"将就过"这样的话。

你遇见过那种喜欢说"假若……我已经……"的人吗？那些人总是喋喋不休地大谈特谈他以前错过了什么云山雾雨的成功机会，或者正在"打算"将来干什么渺渺茫茫的事业。

失败者总是考虑他的那些"假若如何如何"，所以总是因故拖延，总是顺利不起来。总是谈论自己"可能已经办成什么事情"的人，不是进取者，也不是富翁，而只是空谈家。而实干家是这么说的："假如我的成功是在一夜之间得来的，那么，这一夜乃是无比漫长的历程。"

不要等待"时来运转"！这样你会由于等不到而觉得恼火和委屈，要从小事做起！要用行动争取胜利。

从现在起，不要再说自己"倒霉"了。只要专心致志地做好你现在所做的工作，坚持下去直到把事情做好，"机会"就会来到。怨天尤人不会改变你的命运，也不可能让你拥有财富，只会耽误你的光阴，使你没有时间去取得财富。如果你想要"赶上好时间、好地方",就去找一项你能够拼上一拼的工作,然后努力去干。幸运不是偶然的,只要勤奋工作,就会创造大把的财富。

很多年轻人都相信机会,认为人们的幸福与不幸都是由机遇造成的。事实上,每个人都有不止一次的机遇,每一天都是一个新的开始。我们的生命中充满了崭新的激动人心的机会,只是我们必须去寻找。等待机会找上门,就像站在球场里,把手伸向空中,等待棒球落到手中一样,是靠不住的。机会不会去追随你,而你应该去寻找机会。每天我们都能从电视、广播和报纸杂志上看到、听到和读到普通人在体育、音乐、文学、技术、医学、科学和艺术等领域成功的故事。但是,太多的人只相信那些才能是属于别人的,而不是自己的。可是却忘记了自己也是普通的平常人。每一个普通人都可以有不平常的表现,只要遇到合适的机会,不论是自己创造的机会还是自己抓住的机会。太多的时候,原本属于我们的机会却被别人夺走了。

有些人常常对他人说:"得过且过,过一把瘾吧!""只要不饿肚子就行了!""只要不被撤职就够了!"这种青年无异于承认自己没有前途。他们已经脱离了世人的生活,至于"克服消极心态",那更是想也不敢想了。

第一章　贵在坚持

打起精神来！它虽然未必能够使你立刻有所收获，或得到物质上的安慰，但也能够充实你的生活，使你获得无限的乐趣，这是千真万确的。

无论你做什么事，打不起精神来，就不能克服消极心态。你必须全神贯注，竭尽所能地去做，必须每天都有显著的进步，因为我们每天从事的工作都可以训练和发展我们克服消极心态的能力。一个人如果能打定如此坚决的主意，那他的收获一定不仅够"填饱肚子"，还会对社会有所奉献。

那些克服消极心态的人所成就的大事，绝非仅仅是"填饱肚子"以及做事"得过且过"的人所能完成的，只有那些意志坚定、不辞辛苦、十分热心的人才能完成这些事业。

美国哈佛大学教授弗格林斯在分析美国历史进程时指出："其实，我们美国人之所以能够成功，很大程度上是我们竭尽全力、毫不惧怕挫败的结果，我们也曾经遭遇过挫败，但是挫败了从头再来，而我们坚韧的个性又增加了许多。"

在现实中，有很多人找工作碰壁两三次就放弃了，很多人创业失败两三次也就放弃了，可知他们是因为什么不成功了吧！换个角度，如果他们能毫不懈怠地坚持下去，那么他就离成功不远了。

没有什么东西比坚韧不拔的意志更能让你走向成功。那些得到重用并且成为某一领域权威的人士，没有一个不是在坚持不懈中抓住成功的机会的。他们也许并没有出众的天赋，但是他们拥有坚韧不拔、坚持不懈的心态。

20世纪初，美国亚利桑那州的一位男子，花费了很长的时间去寻找位于兹默斯小镇附近的银矿矿脉。

终于有一次，他在一座小山的侧向掘出了一个大约200米的坑道，没想到矿道里的银矿已经被别人挖掘一空。这位男子因此而放弃了整个计划，心力交瘁的他，不久就带着遗憾离开了人世。

10年之后，一家矿山公司买下同样的地区，并且重新发掘了那个男子放弃的矿脉。没有想到的是，就在距离废弃坑道一米左右的地方，他们发现了从来未曾有过的丰富银矿。

成功与失败之间就只有那么短短的距离，一个人能否成功就在于能否坚持到最后。

歌德用激励的语言来描述坚韧不拔的意义："不苟且地坚持下去，严厉地驱使自己继续下去，就是我们当中最渺小的人这样去做，也一定会达到目标，因为坚韧不拔是一种无声的力

第一章 贵在坚持

量,这种力量会随着时间而增长,是任何失败和挫折都无法阻挡的。"

不放弃,就会一直拥有成功的希望。想真正做成一件事,需要你有锲而不舍的精神,不管我们想在哪个领域做成什么事情,一旦你认准了目标,那就一定要坚持不懈地做下去。

坚持不懈是一种不达目的誓不罢休的精神,是一种对自己所从事的事业的坚强信念,也是高瞻远瞩的眼光和胸怀。它不是蛮干,不是赌徒的"孤注一掷",而是通观全局和预测未来的明智抉择,它更是一种对人生充满希望的乐观态度。在山崩地裂的大地震中,不幸的人们被埋在废墟下。没有食物,没有水,没有亮光,连空气也那么少。一天,两天,三天……还有希望生存吗?有的人丧失了信心,他们很快虚弱了,不幸地死去。而有些人却不放弃生的希望,坚信外面的人们一定会找到自己,救自己出去。他们坚持着,哪怕是在最后一刻……结果,他们创造了生命的奇迹,他们从死神的手中赢得了胜利。

因此,当我们面对困难时,绝不要轻易放弃。只要我们再坚持一下,我们就能变困境为顺境,就能创造人生的奇迹。因为人生就是一个不断与失败较量的过程,只要我们在面对失败时,再坚持一下,成功就会属于我们。看看这句话:什么东西比石头还硬，或比水还软？然而软水却穿透了硬石，这是为什么？是坚持不懈。在每个人的人生旅途中，在每个人积极行动的过程中，一定会遇到许多问题和困难，只有坚持永不放弃的精神，不断自我鞭策、自我激励，才能战胜困难，战胜自我，走向成功。

坚韧不拔，"再试一次"

我在上小学的时候，我的老师常常这样问学生："请问，你们大家知道怎样才能成功吗？"我们都争先恐后地回答说，好好学习……后来上了初中，那位老师又问了这个问题，这时候，我们有同学反过来问这位老师了。老师没有正面回答这个问题，而是找来一个花生。他把这个花生给了一个同学说："用力捏捏它。"同学用力一捏，花生壳碎了，只留下花生仁。老师又说："再搓搓它。"那个同学又照着做了，红色的皮被搓掉了，只留下白白的果实。这次老师又说："再用手捏它。"同学又用力捏，却怎么也没法把它捏碎。最后，老师对那位同学说："再用手搓搓它。"当然，这位同学什么也搓不下来。

这时候，我们这位老师开始回答我们的问题了。他说道：

"有一颗坚强的、百折不挠的心,虽然屡遭挫折,却吃得消,这就是成功的秘密。"对于老师的这个回答,多少年了,我始终记忆犹新,到了现在我才真正地认识到这句话的内涵。老师说得很对,坚韧不拔是一种强大有力的品格,它几乎能克服任何挫折。它永远使你能居于比你更聪明或更有才华的人之上的优越地位,因为无论智力还是技巧都包含在其中了。成功通常不是一蹴而就的,而是多次努力的结果。

  成功的人和不成功的人首要差别不在于天赋,而在于坚持力。如果我们的行动还没有达到自己预期的效果,永远都要这样问自己:"到目前为止,我做对了什么?"这样我们才有勇气再试一次。

  如果我们能以切割石头的工人为榜样,坚持,坚持,再坚持,永不放弃地坚持下去,并能从每次的经验中汲取力量,最后的胜利必将属于我们。

  另外,坚持的过程还是意志力与挫折较量的过程。只有意志力强的人才能坚持到底。曾经热播的一部叫作《亮剑》的电视连续剧,在里面有一个团长叫李云龙,看过这部电视剧的人应该都知道,李云龙是怎么样的一个团长,当时的八路军是怎

第一章 贵在坚持

么样的一支军队，大家从历史书上也应该有所了解。八路军在缺少军费、弹药的情况下，仍然坚持着保卫国家的神圣职责，这需要什么样的信念才能做到啊！在《亮剑》中李云龙带着自己的团队赢得了许多的胜利，取得了辉煌的战绩，获得过无数的荣誉。对于李云龙，我最后只能给出这样的评价："他之所以伟大，在于他超常的冷静和钢铁般的意志。"

一个人如果有着坚强的意志力，就可以在危险时刻保持镇定自若，就不会在任何困难面前退缩，勇往直前是走向成功的唯一选择。

很多年前，那时《北京人才市场报》曾报道过这样一件事：一位毕业生到一家公司去面试，三天后，他得到通知，说他没有被录取。这位毕业生由于承受不住这种打击，在绝望中想到了自杀。但是，接着他又得到通知，说是没有被录取是由于计算机出了故障，他已经在录取人员范围了。也许是天意吧，不知道是什么时候他想自杀的这个念头让这家公司知道了。所以，正当他喜形于色地去这家公司报到时，他又接到了该公司的另一个通知，通知中说由于他不能理智地面对挫折，以后肯定不能胜任更加困难的工作。如果他以后在工作中遭受打击就要自杀，那么公司将要承担重大的责任，所以公司决定不能录用像他这样的人。

现实当中，像这样的人很多，其实我们成功的机会就掌握在我们自己手中，然而在某些时候我们却因为承受不了挫折，而让机会从自己的指缝间溜走了。没有勇气接受挫折的挑战会导致失去本已积累起的成功的筹码分量，而新的筹码我们又不曾拿到，怎么能走向成功的顶峰呢？

在很多书籍、案例当中，我们都能得到这样的一个结论，那就是没有一个公司愿意聘用意志力薄弱的人。对于这样的人，很多老板都会这样说："如果这个员工遇到一点儿困难就失去信心、失去理智，那么这样的人就是生活中的弱者。公司管理者聘用这样的员工无疑是给公司增加麻烦。所以，为公司的利益着想，这样的人公司是不会录用的。"

那么，我们准备做一个什么样的人呢？这就需要我们认识到：坚持原则，才是生命中最亮的色彩。生命因为坚持更耐人寻味；人生也因为坚持，才能挺过风险；企业也因为坚持，才没有走向终结。

只要我们每天多一点儿努力，并付诸在行动上，我们就能够走向成功。而实际上，每天多一点儿努力并不难，例如，公司要求员工提前上班，利用这点儿时间把一天的工作计划安排出来，这样你每天的工作就条理清楚；主动完成工作，不要等到要交工时才手忙脚乱地去完成；如果能迟一点儿下班，那就利用这一点儿时间把一天的工作总结一下，总结一天的工作计划完成情况，哪些需要改进，哪些需要重新安排……

所以，我们只有坚持，才会让生命更有意义；只有坚持，我们才能将自己置于一种充满信念的境地。一个从来没有体验过坚持的人永远也不会有丰富的内心世界。只有百折不挠坚持到底的心灵才能有面对内心、审视内心、观照自我的觉悟，才能经受精神的炼狱，达到更高的人生境界。也只有坚韧不拔，"再试一次"，我们才有可能达到成功的彼岸！

我以前去一家公司办事遇到了这样一件事：那天，一个年轻人去这家文化公司应聘，而该公司并没有刊登过招聘广告。见总经理疑惑不解，年轻人用很好的普通话解释说自己是碰巧路过这里，就贸然进来了。总经理感觉很新鲜，破例让他一试。面试的结果出人意料，年轻人表现很糟糕。他对总经理的解释是事先没有准备，总经理以为他不过是找个托词下台阶，就随口应道："等你准备好了，再来试吧。"这引起了我的注意，所以后来我特别为此打了一个电话问了这个经理，经理给我的答案让我更吃惊。

这个经理说："一周后，那个年轻人再次来到了我们公司，可这次他依然没有成功。但比起第一次，他的表现要好得多。我当时给他的回答仍然同上次一样：'等你准备好了再来试。'我当时也只是随意说说，可是没想到的是，这个年轻人先后5次踏进了我们公司的大门，现在已经被我们公司录用，成了公司的重点培养对象。"

上面是一个很实际的例子，也许，我们的人生旅途上沼泽遍布，荆棘丛生；也许我们追求的风景总是山重水复，不见柳暗花明；也许，我们前行的步履总是沉重、蹒跚的；也许，我们需要在黑暗中摸索很长时间，才能找寻到光明；也许，我们虔诚的信念会被世俗的尘雾缠绕，而不能自由翱翔；也许，我们高贵的灵魂暂时在现实中找不到寄放的净土……那么，我们为什么不可以以勇敢者的气魄，坚定而自信地对自己说一声："再试一次！"也许再试一次的努力会让我们走向成功。

坚持就是成功

　　世界万物，每一样的生命都有着一定的规律。一棵树枯萎了，是因为它不能坚持自己的开花与结果；一只鸟儿坠落了，是因为它不能坚持在天空中飞翔；一支箭在距靶心一寸处落地了，是因为它已经耗尽了力量，不能坚持瞄准目标。然而，一个人要想达到成功的目的，就需要他坚持奔跑，即使不能再奔跑了也要坚持前行。因为，成功往往会在你的坚持中向你不断靠近。

　　坚持不懈是一种习惯，是许多良好素质的外在表现。坚持不懈的人大多具有多方面的能力，他们绝不会因为暂时的失败而放弃追求，他们失败了仍然会坚持不懈地追求下去。

　　美国第30任总统曾经写过这样一段话：世界上任何事情都取代不了坚持力。天赋才能，一个天赋很高的人，终其一生都默默无闻,是再正常不过的事情了;天才也不能,默默无闻的天才比比皆是;只靠教育也不能,这个世界上随处可见受过高等教育的庸才。只有坚持和决心才是无往而不胜的!

坚持,就是将一种状态、一种心情、一种信念或是一种精神坚强而不动摇地、坚决而不犹豫地、坚韧而不妥协地、坚毅而不屈服地进行到底。在《世界上最伟大的推销员》一书中,作者曾在"坚持不懈,直到成功"部分写道:"我不是为了失败才来到这个世界上,我的血管里也没有失败的血液在流动。我不是任人鞭打的羔羊,我是猛狮,不与羊群为伍。我不想听失意者的哭泣、抱怨者的牢骚,这是羊群中的瘟疫,我不能被它传染。失败者的屠宰场不是我命运的归宿。"

生活中有一个事实,那就是我们的欲望无限而时间有限。因此,我们应该思考的并不只是我们想从生活中得到什么,我们还应该考虑为此付出的代价。这不能被看作消极因素,如果我们在生活中一切都得来容易,并认为成功不需要代价,我们就不会渴望成功。比方说,死亡使生活如此有价值,因此,我们不惜代价地活着,我们活着的理由就是要验证人类所有的成功,几乎都是坚持的结果;人类所有的竞技,几乎都是坚持的较量;人类所有的创造,几乎都是坚持的作用。

第一章　贵在坚持

艾吉分析说:"一个成功的人,无论是致力于获取财富,还是在某一领域里成为顶尖高手,和那些无法成功的人比起来,最根本的差别就在于,成功的人永不放弃、永不言败,他们永远都是能够坚持到最后的那一个。无论有多大的障碍和挫折来阻挠,他们都不会轻言放弃。他们很清楚自己的目标是什么,并且能够坚持达到为止。"

观看举重比赛,最牵动我心弦的不是选手一鼓作气地将那重重的杠铃举起的瞬间,而是他们将杠铃托于胸前,屏住呼吸,似乎正在调动全身的力量,令人牵肠挂肚地坚持着的那一秒、两秒……然后憋足力气,以排山倒海之势,双手擎起那几百公斤的沉重……一个震撼人心的或许也是惊心动魄的过程就这样完成了。

这一过程最关键的环节就是运动员将杠铃托于胸前,屏住呼吸坚持着的那几秒钟。那绝不是停歇或等待,那是毅力的补养,是意志的强化,是信念的再一次的夯实。因此,这几秒钟的坚持,是成就辉煌的前奏,是高潮来临之前的宁静,是朝日喷薄欲出时的猎猎光芒。

这是非常壮美的坚持,它足以给人最强烈的心灵震撼。

永不放弃的态度

人生遇到了问题,特别是难以解决的问题,可能让每个人都烦恼万分。这时候,有一个基本原则可用,而且永远适用。这个原则非常简单——永远不放弃。

放弃必然导致彻底的失败,而且不只是手头的问题没解决,还导致人格的最后失败,因为放弃会使人产生一种失败的心理。坚持着做不是手段,是一种信念,在你的成功之旅中,往往发挥着重要的作用。不轻言放弃就是你人生成功的第一步。

有一年中考作文题是一组漫画:一个人挖井找水,挖了几口井,都没挖到有水的深度就放弃了,而且有一口井只差几锹就可见水了,他没有坚持下去。其结果呢?没有找到水,只得悻悻离去。考生们根据漫画写作文,有的批评"浅尝辄止"的不良学风,有的讲"不讲科学,盲目打井"的教训,还有的

第一章 贵在坚持

检讨"见异思迁，三心二意"的毛病。其实这里还有个寓言可谈，就是"成功往往在于再坚持一下的努力之中"。这个观点毛泽东就提出过，许多人都看过京剧《沙家浜》，郭建光带着18个伤病员坚持在芦苇荡中，他鼓励战友的一句台词，就是："胜利往往在于再坚持一下的努力之中！"

2003年9月，亚洲手球锦标赛暨奥运资格选拔赛在日本拉开战幕，首战1分险胜日本队后，中国女手面对第二个对手哈萨克斯坦队。因为只有4支队伍参赛，比赛采用单循环积分制，所以每场比赛都至关重要。而当时中国队进攻核心李兵手指严重挫伤，王旻不得不从边锋内迁为内锋以加强外线进攻火力。在外线毫无身高、经验优势可言的王旻虽无法像在熟悉的右边锋位置上那么游刃有余，但也显示出她不服输的个性。

比赛的下半场，王旻在一次防守中被撞倒在地，痛苦地躺在那里久久无法动弹。裁判示意用担架把她抬出场外进行检查。"当时她呼吸非常困难，"队医刘凯说，"根据她当时的症状和做挤压试验的结果，我感觉她的肋骨应该受到了严重挫伤。"在无法确诊伤情的情况下，刘凯建议王旻下场休息，

"如果出现气胸、血胸，就会有生命危险了。"

王旻缺阵使中国队火力点又有所减弱。在等待救护车到来的时候，医疗队准备把王旻抬出赛场让她静静休息，但倔强的她强忍着胸口灼烧般的疼痛断断续续地说道："我不走，就算不能打，我也要看完比赛。"百般劝说都没用，心急如焚的刘凯也只能静静地守在她身旁，让她半躺在担架上艰难地看完剩余比赛，19∶17中国队2分险胜，王旻嘴角含笑，顺从地被医疗队抬上救护车直奔医院。

日本当地医院的诊断印证了刘凯的猜测——肋软骨严重挫伤，医院方面表示："伤者必须静卧修养一个月。"但当听说中国队只要在最后一场逼平韩国队就能出线时，躺在病床上的王旻强烈要求刘凯给她缠上厚厚的海绵和绷带，她要上场！

海绵和绷带让赛场上的王旻显得格外"魁梧"，60分钟的激战过后，中国队逼平韩国队如愿拿到奥运会参赛资格。喜悦的同时更艰苦的日子也刚刚开始，奥运备战进入全面倒计时，没有更多时间留给王旻，她在床上躺了不到一周便回到了训练场上。

第一章　贵在坚持

王旻的成功,告诉我们坚持的价值。只要坚持,在没有路的时候,也能够踏出路来;在没有希望的地方,也能够创造希望。无论如何,也不会被困难打倒。所以,我们要坚持下去,永不放弃。

明人杨梦衮曾说:"作之不止,可以胜天。止之不作,犹如画地。"这句话是什么意思呢?其实就是告诉世人坚持下去的道理:世上的事,只要不断地努力去做,就能战胜一切,取得成功。但如果停下来不做,那就会和画饼充饥一样,永远达不到目的。

这是个浅显简单的道理,但我们在实际生活中,却常常忘了它。我们常常会有"为山九仞,功亏一篑"的遗憾。成功就距我们一步之遥,我们却在最后的关头放弃了努力,让胜利轻易地与我们擦肩而过,我们该是多么懊丧!

台湾省企业家高清愿当初在经营台湾的统一超市时,连续亏损6年。但他并没有因此放弃,而是坚持走自己的路。终于在调整了营业方针、市民消费能力提高之后,统一超市开始转亏为盈,如今他的企业稳居台湾商店业龙头地位。高清愿的故事告诉我们,往往是在最困难的时候,最需要"再坚持一下",这是对一个人勇气和毅力的严峻考验。胆怯的人往往会退缩,而勇敢的人则会经受住考验，真是"山重水复疑无路，柳暗花明又一村"。而适时调整，等待时机，也是必不可少的。

要想成功，就要"作之不止"，绝不能半途而废。当然，方法、计划可以调整，但绝不要让失败的念头占据了上风。

如果原先使用的方法不能奏效，那就改用另一种方法来解决问题。如果新的方法仍然行不通，那么再换另外一种方法，直到我们找到解决问题的钥匙为止。开启任何问题的锁总有一把解决的钥匙，只要继续不断地、用心地循着正道去寻找，终会找到这把钥匙。

美国有一个名叫皮鲁克斯的人，就是成功地运用了这个原则。几年以前他研究出一种供活动房屋用的预制墙壁系统，他组建了一家公司，把他所有的钱都投进去。但是，这种墙壁却不够坚固，一经移动就垮了。公司遭遇一连串的困难，他的合伙人要求他"卖掉公司"，但是他不放弃。

他是有积极想法的人，具有牢不可破的信心，也可以说他有打不倒的性格。他认为这一类的困难打不垮他，他说："我压根儿就没想到'放弃'这两个字。"因此，他用心作合理的、深入的思考，终于想出了解决办法。他决定设计出一套预制板系统，来配合他的预制墙壁系统。最后，他终于成功了，一家制造活动房子的大公司买下了他的设计。他总结了这段人生经历，并且提出了这句了不起的话："轻易放弃总嫌太早。"

由此可以看出，人生中，不管受到多大的挫折和困难，都不要轻言"不"字。因为说"不"表示关上了人生追求的大门，"不"这个字指失败、垮台、延误。但是把英文"不"（no）倒过来拼，就有了新希望，因为倒过来拼就成了"继续"（on），就有了活力和行动。不松懈地"继续"追求人生的目标，直到问题解决。

在我们生活中的每一件事似乎都充满了困难，充满了遗憾，充满了无力感。因此，成功学的大师们建议：当每一个问题出现的时候，须迎头加以处理，这样你就不会再充满挫败感和失望了。每一项挑战升起来的时候，若奋起迎头处理，就会获得很多的成果，你必会有所创造。

不要放弃希望

　　人的一生总有许多坎坷，只有那些心态积极的人才有勇气去面对这些坎坷，并积极地战胜它；相反那些消极的人，他们总是认为，人活着就是为了受罪，于是，他们在苦海中挣扎，在黑暗中费力地摸索。慢慢地，他们累了，失去了求生的愿望，就这样被淹没在绝望的海洋里。

　　一个人只有不放弃希望，才能看到希望，希望是我们前行路上的一盏明灯，有了它作指引，我们才可以在黑暗中看到光明；如果一个人失去了希望，那么他也就失去了生存下去的勇气。希望，可以将我们的生命点燃，也可以将我们的斗志点燃。

　　每个对生活充满希望的人，也是积极勇敢的人。他们不论他遇到多大的困难，都会想办法克服。他们永远不会惧怕风浪，因为他们是勇敢的弄潮儿，生活中的风风雨雨让他们体味到了人生的激情。他们热情洋溢,他们笑傲挫折。奥斯特洛夫斯基说过:"人的生命似洪水在奔流,不遇到岛屿与暗礁,难以击起美丽的浪花。"是的,如果我们的人生中没有一点儿风浪,那么生活就会变成一潭死水。我们面对困难,我们战胜困难,我们体验着困难和挫折带给我们的痛苦,也体味着自己内心的那份坚强。

有几个从战场上撤下来的士兵,他们的船被击沉了,他们在茫茫的大海上漂了三天三夜。四周都是苦涩的海水,而他们也已经几天水米未进,死亡威胁着每一个人。他们必须想个办法,否则最后只能葬身海底。这时,一个士兵想起自己身上还带有一个瓶子,他们可以用这个瓶子来传递信息。他把这个消息告诉了大家,大家立刻兴奋起来。于是,他们撕下身上的衣服,咬破自己的手指,在上面写了几个字,然后把它塞进瓶子里,让它顺着水流的方向漂了出去。他们一直盯着那个瓶子,因为那是他们的全部希望。慢慢地,瓶子消失在他们的视野里。这时,一个士兵忽然喊了起来:"不可能的,瓶子根本就不可能漂到我们的国家,那里离这里太远了,我们最终还是会死在海里。"所有人刚刚升起的希望马上又都破灭了,他们重新陷入恐怖的深渊里。这时，他们中的一位队长却说道："不，我们会得救的！一定会的！我们都是勇士，我们的生命只能结束在战场上，而不是海里。"所有人听队长这么说，也只好勉强打起精神。又是几天过去了，就在他们实在坚持不住的时候，一条渔船救了他们。原来，那艘渔船捕鱼时看到了这个瓶子，然后便逆着水流的方向驶来，救出了几个奄奄一息的人。当他们被抬上船的时候，队长对那些士兵说："我说过，我们会得救的！"

是啊，不放弃希望！只要有希望，就会有奇迹发生。只要心中有希望，我们就不会让自己沉浸在绝望的深渊里，希望可以给我们更多的智慧、更多的勇气；如果心中没有了希望，那么就会成为水中的浮萍，漫无目的，顺水漂流。

第二次世界大战时期，有几个士兵被困在一片丛林里，其中一个受了重伤，而他们也已经好几天没有吃东西了。他们与部队失去了联系，如果得不到救援的话，只能被困死在这里。为了挽救自己，他们只好商量着让那个受了重伤的士兵留下来，他们分别行动，去寻找援军，然后再回来救他。他们给他留了一支枪，里面还有几颗子弹，告诉他每隔一段时间放一声枪，他们循着枪声就能找到这里。

于是，那几个人出发了，只留下伤兵一个人。他开始按照那几个人吩咐的去做，但是，又是两天过去了，他们还是没有音信。他开始感到绝望，认为自己被骗了，那几个人肯定抛下自己逃命去了。枪里只剩下了最后一颗子弹，最后，他把这颗子弹留给了自己。当人们循着枪声找来的时候，只在地上发现一具尚有余温的尸体。

哪怕你身处绝境之中，也不能放弃希望，希望可以带领我们走出困境，希望可以催生出奇迹。学会在绝望中寻找希望，你的人生最终将会走向辉煌。

所以，永远不要放弃希望，只要有希望，我们就有成功的机会。一个人若放弃了希望，那么也就等于抛弃了自己。

坚持学习

如今,知识的更新越来越快,今天的知识,也许明天都不适应了。所以,为了跟上时代的步伐,每个人都应该坚持一种终身学习的思想,做到"活到老,学到老",只有如此才能够在激烈的竞争中占有一席之地。

门捷列夫是俄国的化学家,他说过:生活便是寻求新的知识。同积累金钱一样,一个人越能储蓄,则越易致富。你越能求知,则你越有知识。你能多一分知识,就能多丰富你的一分生命。这种零星的努力、细小的进步,日积月累,可以使你日后大有收益,可以使你的知识更为充实,可以使你更能应对人生。

毛泽东主席也曾在一次会议上指出:"情况是在不断地变化,要使自己的思想适应新的情况,就得学习。"

是啊,新的实践环境下必然会产生不同的新思想、新思

第一章 贵在坚持

潮,一个人如果想要保持思想新鲜与活力,使思想不断更新,就必须要不断学习知识才能适应社会的进步,而不会被淘汰。

孜孜以求自己进步的精神,是一个人"优越"的标记与"胜利"的征兆。有人说,只要能够知道一个青年怎么样度过他的业余时间,怎么样消磨他浪漫的秋日黄昏,那么就可预言出那个青年的前程怎么样。

有的人或许以为利用闲暇的时间来读书总得不到多大的成绩,其成绩总不能与学校教育相比,因而不想在闲暇的时间读书。这无异于一个人因为自己进款不多,以为即使昼夜储蓄,也不能致富,所以一有金钱,尽数挥霍。不学以致用,不进行学习和思考,久而久之,由于技术的发展进步和自己知识的遗忘、贬值,使自己成了门外汉。

其实,大家都知道,处在这个知识经济竞争的时代,你如果不每天去学习,不去充电,那么很快你可能就会落伍,就会被这个知识时代所抛弃。

晋平公作为一名国君,政绩不错,学问也很渊博。当他70岁的时候,仍然感到自己的知识有限,希望能多学一点儿,但又觉得可能此时学习会有点力不从心。他很犹豫,便去问一位贤明的臣子,此人叫师旷,是个双目失明的老人。

师旷尽管双目失明，但是却博学多才，对一切都理解得很透彻。晋平公问他："我现在已经70岁了，年纪的确老了，可是还希望再读些书，长些学问，但又总是没有什么信心，总觉得是否太晚了呢？"

师旷说："您说太晚了，那为什么不把蜡烛点起来呢？"

晋平公不明白师旷什么意思，还以为他东拉西扯的在戏弄他，于是，有点不高兴。师旷忙解释说："我并非戏弄大王，而是认真地跟您谈学习的事呢。我听说，人在少年时好学，就如同获得了早晨温暖的阳光一样，那太阳越照越亮，时间也久长；人在壮年的时候学习，就如同获得中午的阳光一样，虽然它走了一半，但力量很强，时间也很多；到老年的时候好学，虽没了阳光，但还可以借助烛光。虽然烛光光亮有限，但总比在黑暗中摸索强多了。"

师旷的这些话，让晋平公茅塞顿开，对自己也更有信心了。

凡是那些著名的学者，没有一个会是学而知足的，他们把自己毕生的时间和精力都用在学习上。学习，就是对自我的一种提升，就是自我的一种进步。就像我们活着就要走路一样，学习也是这样一个不间断的过程。

因此，无论在何时何地，每一个现代人都不要忘记给自己充充电。尤其是在竞争激烈的工商业界，由于经济方针政策的经常改变，个人必须随时充实自己，奠定雄厚的实力，否则便难以生存下去。一个有干劲的人，时不时地充充电，就不会被社会所淘汰。

第二章

没什么不可能

第二章　没什么不可能

重要的是什么

任何的困难与挫折或者是不幸的发生,都不是你需要重视的重点。你需要重视的是你应该如何看待它。如果你将它视作不可战胜的,那么它将变得无法逾越;如果你视它为无物,它将变得无足轻重,甚至还会成为磨炼你意志的一次机遇。

只有获胜,才能赢得生存所需的资源;只有持续获胜,才能得到拓宽并发展自己的空间和领地,才能从竞争的包围圈中脱颖而出。

正如比尔·盖茨所说的:"这个世界不会在乎你的自尊,这个世界期望你先做出成绩,再去强调自己的感受。"

在现代市场经济中,任何个人、企业、团队在市场竞争中如果没能获胜或保持领先优势,要想实现基业长青或获得成功那是不可能的,而其最终的结果自然是被市场和社会淘汰。那么存在的意义，也就无从谈起！

以美国硅谷为例，在这块弹丸之地分布着数千家科技公司，均从事IT技术的研发、生产和销售，竞争异常激烈。不仅于此，每年还有数百家新公司诞生，与此同时，又有几百家公司如过眼烟云般消逝。正是这种残酷无情的竞争环境，逼迫硅谷人不断拼搏、不断奋进、不断创新，从而使一些极具竞争意识和竞争优势的企业快速崛起，并推动了IT产业的迅猛发展。

可以说，一场无法获胜的战役，一次无法胜出的比赛，一项不能获得利润的投资，不仅是一次蹩脚的作秀和消耗体能的运动，而且还可能是一次难以复生、全军覆灭的重创。

只有获胜，才能赢得生存所需的资源；只有持续获胜，才能得到拓宽并发展自己的空间和领地，才能从竞争的包围圈中脱颖而出。一个总是打败仗的团队，它的命运只能是被他人整编、变卖或并购；或者在竞争的挤压下，失去生存空间，破产直至消亡。

如今，百年老店为数不多，而一些存活了两三百年仍保持旺盛生命力，并不断赢得佳绩的企业就更是寥寥无几。大多企业仅是三五年的存活期，随即光华尽失、"香消玉殒"了。生命力之脆弱，生命周期之短暂，无不令人扼腕痛惜。这些企业

第二章 没什么不可能

的死因或许有多种，但有一点是共同的，那就是都忽视了每一项投资、每一次并购、每一个计划、每一步行动所要达成的结果。许多企业管理者热衷于行动，却无视结果。迷恋于行动的过程，却忽视了结果才是行动的根本。本末倒置，导致无人关心结果，无人对结果负责。

结果是什么？结果是行动的落实、目标的实现、任务的达成，是赢得胜利，取得成功的标志！一次没有结果的行动，是无效的，是没有价值的；而一次与目标结果相反的结果，则是具有破坏性和毁灭性的，会毁掉一个企业！以结果为导向，才能确保每一次任务、每一个行动，都具有实际效用和价值！

有些企业管理者雄心勃勃，制订了一些非常宏伟的战略计划，却在实际运作中屡屡受挫，不仅战略计划无法实现，员工的自信心大受打击，企业也陷入市场和财务双重窘境，难以自拔。究其原因，就是他们将行动与结果分离，甚至将结果抛至一边，一味地为了行动而行动。

塔费奇公司是美国一家生产精细化工产品的企业，经过5年打拼，逐渐由小到大，发展为年产值为数亿美元的企业。为了快速扩张，该公司在养殖、饲料加工、包装等传统项目上闪电出击，又先后投入巨资在医药、软饮料、房地产等多个经营项目上，跨地区、跨行业收购兼并了10多家经营状况不佳、扭亏无望的企业。由于投资金额巨大，经营项目繁杂，经营管理人才欠缺，塔费奇公司背上了沉重的包袱，从而走上了一条自我毁灭之路。

事实上，无论制定何种发展战略，实施何种管理模式，采用何种先进技术，最重要的是，能产生何种效果，能为企业创造多少利润，能使企业有多大提升。

最近几年来，所有的企业家和管理者都注意到了"执行力"这个问题，并且把"执行力"提升到关系企业生死存亡的高度。那么，执行力到底是什么呢？简单地说，对于员工，执行力就是把想做的事情做成功的能力，也就是事情的结果。

许多人说："结果并不重要，重要的是过程。"这是一种非常不实际的观点，怀着这种所谓的"超然"心态去做事，其结果只能是失败。可以说，人们对于成功的定义，见仁见智，而失败却往往只有一种解释，就是一个人没能达到他所设定的目标，而不论这些目标是什么。

在现代社会，这种以结果为导向和评价标准的思维已经成为一种共识。不论你在过程中做得多么出色，如果拿不出令人满意的结果，那么一切都是白费。的确，没有结果的付出只是

第二章　没什么不可能

在做无用功。竞争就是这么残酷无情,不论你曾经付出了多少心血,做了多少努力,只要你拿不出业绩,那么老板和上司就会觉得他付给你薪水是在浪费金钱。相反,只要你有傲人的业绩,老板们就会重视你、认同你,而不管你的过程是否完美、漂亮。

在今天,你是因为成就而获得报酬,而不是行动的过程;你是因产出而获得报酬,而不是投入或者你工作的钟点数。你的报酬是取决于你在自己的责任领域里所取得成果的质量和数量。

在现今社会只有获胜才是硬道理,才是你挺胸做人、傲视群雄的资本。

高标准要求自己

99%的努力+1%的失误=0%的满意度。也就是说,你纵然付出了99%的努力去服务于客户,去赢得客户的满意,但只要有1%的失误、瑕疵或者不周,就会令客户产生不满,对你的印象大打折扣。

在数学上,"100-1"等于99,而企业经营上,"100-1"却等于0。

一千次决策,有一次失败了,可能让企业垮掉;一千件产品,有一件不合格,可能失去整个市场;一千个员工,有一个背叛公司,可能让公司蒙受无法承受的损失;一千次经济预测,有一次失误,可能让企业破产……

水温升到99℃,并不是开水,其价值有限。若再添一把火,在99℃的基础上再升高1℃,就会使水沸腾,产生的大量水

第二章 没什么不可能

蒸气就可以用来开动机器，从而获得巨大的经济效益。许多人做到了99%，就差1%，但正是这点细微的区别却使他们在事业上很难取得突破和成功。

也许对企业而言，产品合格率达到99%，失误率仅为1%，质量似乎很不错了，但对每个消费者而言，1%的失误，却意味着100%的不幸！

曾经有一家电热水器生产厂，声称自己的产品质量合格率为99%，各项指标安全可靠，并有双重漏电保护措施，让消费者放心使用。然而一位消费者购买了该厂的电热水器，却不幸摊上了1%的失误。

跟往常一样，他未关电源就开始洗澡，没想到，热水器漏电，而漏电保护装置又失效，以至于他被电流击倒，一条胳膊就废了。按说，带电使用电热水器属于正常操作范围，不应出现这一故障，即便发生漏电，漏电保护装置也会立刻断电，以确保使用者的安全。然而，这家企业满足于99%的合格率，却给那位消费者带来了巨大的伤害。

由此不禁令人担心，是不是还会有下一个、再下一个消费者也会摊上这样的不幸呢？如果企业不高度重视这1%的质量失误，不仅消费者的生命安全得不到保障，企业的生存也难以延续下去。试想一下，人们知道后有谁还敢买这样的"危险品"？肯定无人购买，那么公司也无法发展下去，只能关门大吉。

优质的产品，是客户选择你的第一理由，否则，客户根本不可能向你"投怀送抱"，更不可能将其"钱包份额"给你。对此，海尔公司深有体会，并有许多令人称道的做法。

一次，海尔公司副总裁杨绵绵在分厂检查工作，在一台冰箱的抽屉里发现了一根头发。她立即召集相关人员开会，有的人私下议论说一根头发丝不会影响冰箱质量，拿掉就是了，何必小题大做呢？杨绵绵却斩钉截铁地告诉所有在场的干部和职工："抓质量就是要连一根头发丝也不放过！"

又有一次，一名洗衣机车间的职工在进行"日清"时，发现多了一颗螺丝钉。职工们意识到，这里多了一颗螺丝钉，就有可能哪一台洗衣机少安了一颗，这关系到产品质量和企业信誉。为此，车间职工下班后主动留下，复检了当日生产的1000多台洗衣机，用了两个多小时，终于查出原因——发货时多放了一颗螺丝钉。

有这样一个案例：每到节庆日，一位采购人员都会收到与

第二章　没什么不可能

其有业务往来、合作非常愉快的一家公司的贺信，而且每张贺信上都附有该公司的总裁签名。有一次，他遇到产品上的一个技术性的问题，打电话向那家公司的技术人员咨询，结果电话转来转去，最后总算转到一位技术人员那里，但这位技术员既不热情，也无耐心，让他上公司的网站去查看。就这样，他的问题仍然未得到解答，技术人员就匆匆地挂断了电话。

这人极其愤怒，打电话请求前台小姐，帮他把电话转给那位在贺信上签名的公司总裁。前台小姐却说老总很忙，无法接听电话，此时，他已由愤怒、懊恼到对该公司十分失望了。没过多久，这位采购人员便将全部的业务转给那家公司的竞争对手了。

虽然那家公司以往都做得很好，关怀客户方面似乎也做得不错，但它仅是从自身利益和角度考虑问题，并未切实关心客户的需要。当客户请求帮助时，工作人员却态度生硬，推三阻四，没有真心实意地替客户排忧解难。结果，服务上的这一纰漏断送了自己的生意。

千万不要得意于99％的成功，只要你还有1％的失误和不足，你的成功就是不完满、有缺憾的，随时可能被他人替代和颠覆。就像特洛伊战场上的阿喀琉斯，纵然有千钧之力和金刚不破之身，但因脚后跟上那一点小小的"破绽"，便使其横尸疆场，无以复生。

无论是企业还是个人，只满足于99%的成功和优秀，都是骄傲自满、不思进取的表现，不可能有什么大的作为和发展。更不幸的是，当竞争结构发生变化时，他很可能是第一个被市场抛弃、淘汰的人。

其实，做到零缺陷、零失误并不难，只要每个员工时刻保持高度的责任心和敬业精神，把永远不向消费者提供劣质的产品和服务作为企业的道德底线这一思想深植于心，用做人的准则做事，用做事的结果看人，就能赢得客户的满意和回报。

因此，在工作中你应该以最高的标准要求自己。能做到最好，就必须做到最好；能完成100%，就绝不只做99%。只要你把工作做得比别人更完美、更快、更准确、更专注，动用你的全部心血，就能引起他人的关注，实现你心中的愿望。

第二章　没什么不可能

没有不知道

在工作中，每当事情办砸、任务没有完成的时候，我们听到最多的就是"我不知道""我不知道怎么会这样""我想尽了办法，但不知道怎样才能改善""都是他们出的主意，我不知道他们的初衷"……或许事情确实像你所说的那样，也许你真的是什么都不知道，但是这样的态度却不可原谅，可以说这是典型的不负责任的态度。因为不论是一个什么样的组织机构，彼此之间总会有着某些直接、间接的关系，所以在遇到问题和困难时，我们所应该做的就是要想办法怎样去解决问题，而不是只两手一摊说"我不知道"，把自己撇得干干净净。

麦克是一家家具销售公司的部门经理。有一次，他听到一个秘密消息：公司高层决定安排他们这个部门的人到外地去处理一项非常难缠的业务。他知道这项业务非常棘手，难度非常大，所以便提前一天请了假。第二天，上面安排任务，恰好他不在，便直接把任务交代给他的助手，让他的助手向他转达。当他的助手打他的手机向他汇报这件事情时，他便以自己身体有病为借口，让助手顶替自己前去处理这项事务。同时，他也把处理这项事务的具体操作办法在电话中教给了助手。

半个月后，事情办砸了，他怕公司高层追究自己的责任，便以自己已经请假为借口，谎称自己不知道这件事情的具体情况，一切都是助手办理的。他想，助手是总裁安排到自己身边的人，出了事，让他顶着，在公司高层面前还有一个回旋的余地，假若让自己来承担这件事的责任，恐怕有被降职罚薪的危险。但是，纸是包不住火的，当总裁知道事情的真相后，便毫不犹豫地辞退了他。

承担起责任来吧，永远不要说你不知道。

第二章　没什么不可能

记住，这就是你的工作

　　记住，这是你的工作！

　　既然你选择了这个职业，选择了这个岗位，就必须接受它的全部，而不是仅仅只享受它给你带来的益处和快乐。就算是屈辱和责骂，那也是这个工作的一部分。如果说一个清洁工人不能忍受垃圾的气味，他能成为一个合格的清洁工吗？因为既然你选择了这个职业，选择了这个岗位，就必须接受它的全部，而不是只享受它带给你的益处和快乐。就算是屈辱和责骂，只要是这个工作的一部分，你也得接受。

　　其实，每个人一生下来都会有一份责任，而不同时期责任却不一样，在家里你要对家人负责，工作中你就要对工作负责。

　　也正因为存在这样、那样的责任，我们才会对自己的行为有所约束。遇到问题便找寻各种借口将本应由你承担的责任转嫁给社会或他人，那是极为不负责任的表现。更为糟糕的是，一旦养成这样的习惯，那你的责任心将会随之烟消云散，而一个没有责任心的人，是很难取得什么成功的。

其实，负责任也是相对应的，特别是工作中，如果你对你的工作不负责任，那最终也就是对你的薪水和前途不负责任。工作中并没有绝对无法完成的事情，只要你相信自己比别的员工更出色，你就一定能够承担起任何正常职业生涯中的责任。只要你不把借口摆在面前，就能做好一切，就完全能够做到对工作尽职尽责。

"记住，这是你的工作！"这是每位员工必须牢记的！

美国独立企业联盟主席杰克·法里斯年少时曾在父亲的加油站从事汽车清洗和打蜡工作，工作期间他曾碰到过一位难缠的老太太。每次当法里斯给她把车弄好时，她都要再仔细地检查一遍，让法里斯重新打扫，直到清除干净每一点棉绒和灰尘，她才满意。

后来，法里斯实在受不了了，便去跟他父亲说了这件事，而他的父亲告诫他说："孩子，记住，这是你的工作！不管顾客说什么或做什么，你都要记住做好你的工作，并以应有的礼

第二章　没什么不可能

貌去对待顾客。"

因为既然你选择了这个职业，选择了这个岗位，就必须接受它的全部，而不是只享受它带给你的益处和快乐。就算是屈辱和责骂，只要是这个工作的一部分，你也得接受。

查姆斯在担任国家收银机公司销售经理期间，该公司的财政发生了困难。这件事被驻外负责推销的销售人员知道了，工作热情大打折扣，销售量开始下滑。到后来，销售部门不得不召集全美各地的销售人员开一次大会。查姆斯亲自主持会议。

首先是由各位销售人员发言，似乎每个人都有一段最令人同情的悲惨故事要向大家倾诉：商业不景气，资金短缺，人们都希望等到总统大选揭晓以后再买东西等。

当第五个销售员开始列举使他无法完成销售配额的种种困难时，查姆斯再也坐不住了，他突然跳到了会议桌上，高举双手，要求大家肃静。然后他说："停止，我命令大会停止10分钟，让我把我的皮鞋擦亮。"

然后，他叫来坐在附近的一名黑人小工，让他把擦鞋工具箱拿来，并要求这位工友把他的皮鞋擦亮，而他就站在桌子上不动。

在场的销售员都惊呆了。人们开始窃窃私语,觉得查姆斯简直是疯了。

皮鞋擦亮以后,查姆斯站在桌子上开始了他的演讲。他说:"我希望你们每个人,好好看看这位小工友,他拥有在我们整个工厂和办公室内擦鞋的特权。他的前任是位白人小男孩,年纪比他大得多。尽管公司每周补助他5美元,而且工厂内有数千名员工都可以作为他的顾客,但他仍然无法从这个公司赚取足以维持他生活的费用。"

"而这位黑人小工友,他不仅不需要公司补贴薪水,而且每周还可以存下一点儿钱来,可以说他和他的前任的工作环境完全相同,在同一家工厂内,工作的对象也完全一样。"

"现在我问诸位一个问题:那个白人小男孩拉不到更多的生意,是谁的错?是他的错,还是顾客的错?"

那些推销员们不约而同地说:"当然是那个小男孩的错。"

"是的,确实如此。"查姆斯接着说,"现在我要告诉你们的是,你们现在推销的收银机和去年的完全相同,同样的地

第二章　没什么不可能

区、同样的对象以及同样的商业条件。但是，你们的销售业绩却大不如去年。这是谁的错？是你们的错，还是顾客的错？"

同样又传来如雷般地回答："当然，是我们的错。"

"我很高兴，你们能坦率承认自己的错误。"查姆斯继续说，"我现在要告诉你们，你们的错误就在于：你们听到了有关公司财务陷入危机的传说，这影响了你们的工作热情，因此你们就不像以前那般努力了。只要你们回到自己的销售地区，并保证在以后30天之内，每人卖出5台收银机，那么，本公司就不会再发生什么财务危机了。请记住你们的工作是什么，你们愿意这样去做吗？"

下边的人异口同声地回答："愿意！"

后来，他们果然办到了。那些被推销员们强调的种种借口：商业不景气，资金短缺，人们都希望等到总统大选揭晓后再买东西等，仿佛根本不存在似的，通通消失了。

工作中不要求自己尽职尽责的员工，永远算不上是个好员工。

假如说一个清洁工人不能忍受垃圾的气味，那他怎么能成为一个合格的清洁工呢？

假如说一名车床工人时常抱怨机器的轰鸣，那他还会成为优秀的技工吗？

记住，这是你的工作！

然而，在企业中我们却常常见到这样的员工：他们总是想着过一天算一天，不断地抱怨自己的环境，责任心可有可无，做事情能省力就省力，遇到困难时就强调这样或那样的借口。

可以说，一名优秀的员工是不会在工作中找借口的，他会牢记自己的工作使命，努力把本职工作变成一种艺术，在工作中超越雇佣关系，怀着一颗感恩的心，肩负起团队的责任和使命，严格要求自己，勇敢地担负起属于自己的那份责任，全力以赴，做到最好。

第二章　没什么不可能

生存就是竞争

"绝对不能被淘汰"强调的是结果，"活着"才是硬道理！生存就是竞争，即使再努力、再敬业，输给了对手，只能被淘汰，在绝对竞争的环境中，最后的胜利者就是最好的适应者。我们必须适应竞争，适应工作，适应老板，适应自己。

"中庸"教会我们在注意事情一端的时候，不要忘记另一端的存在。千万不能越位是讲清楚了，可是还得记着做事也得到位，不能为了怕越位而缩头缩脑，无所作为。该说的话，一定得说，而且说到位，把意思清清楚楚地表达出来，把握好轻重，把握好时机；该做的事，坚决去做，而且做到家，不折不扣地完成工作任务，不但出结果，还要出效果。

不能越位，与"多做事"并不冲突。多做事，当然要首先做好分内的事。除此之外，还要有发现工作的眼光，判断工作性质和工作难度的眼力,更要有主动去做的眼色。

多做事而不越位,第一要做那些所有人工作职责之外的事。越位的要害,不在于超越了自己的职权范围,关键在于侵犯了别人的领地。子路济民、沈万三犒军,问题不出在他们干了自己不该干的事,而出在干了本该由皇帝去干的事。在所有人的职权之外,总有一些事情虽然落实不到人头,却必须有人去干。这些事虽然大部分是小事,却往往最能表现人的素质。比如,同事的一些需要帮忙的私事啦,遇到雨雪天气的交通啦,老板失误的补救啦,等等,视具体情况而定。把这些事情干砸了,最多落个能力不行;要是越俎代庖又干砸了(甚至即使干不砸),就会损害人际关系。像沈万三那样损害与皇上的"人际关系",后果可就严重了。

多做事而不越位,第二要做那些对别人而言只是义务而不代表权力和位置的事情。有些事,虽然可能很繁重,你很想替人家分忧,可是这些事里头有权力在运作,或者代表着某种地位,又或者体现了某种身份,那就不能去做,做了就是越位。可是有些事情人家本身不愿意干,这些事又没有什么象征意义,又不涉及权力的纷争,那就不妨多帮忙。

到位而不越位,最最关键的,是千万不要在大庭广众之下替别人做事。"高调做事"的箴言是有限制的,、在这种情况下就一定不能高调,否则你的动机就会被别人怀疑,你的形象就会受损,你做的事不是越位也可能被看成越位。要相信,只要你真心实意地帮助人,并且拿捏好分寸时机,大家迟早会知道的。

即使淘汰充满着残酷和无情,但我们却不能不承认,正是残酷的淘汰促进了社会的进步。任何一个企业要保持活力,要保证不落后,就必须不停地淘汰不适合自身发展的各种落后因素、落后的管理理念、落后的经营政策、落后的产品、落后的服务、落后的用人体制,以及不适合的员工。只有不断地淘汰落后的、不适合的,才能持续保持先进的、适合的,才能生存下去,才能不断地发展。

成功,是每个人的渴望。但首先摆在我们面前的最大的问题:要么生存,要么被淘汰!

任何工作都值得做好

任何工作都值得我们做好，而且是用全部的精力。

画家莫奈曾画过这样一幅画，画面上描绘的是女修道院里的情景：几位正在工作着的天使，其中一位正在架水壶烧水，两位正提起水桶，还有一位穿厨衣的天使，正在伸手去拿盘子——哪怕是生活中再平凡不过的事，天使们都在全神贯注地做事。

行为本身说明不了它自身的性质，而是由我们行动时的精神状态来决定的。工作单不单调，也由我们工作时的心境来决定。

我们的人生目标将指引我们的一生，你的工作态度，将让你与其他人分别开来。它或者使你思想更开阔，或者使你变得更狭隘，或者让你变得崇高，或者变得俗气。

做一位砖瓦匠，你也许会从砖块和泥浆中发现诗意；作一名图书馆管理员，你或许可以在工作之余使自己获得更多的知识；做一名教师，也许你为教学工作感到厌烦，但是，只要你见到你的学生，你一定会变得快乐起来。

不要用他人的眼光来看待你的工作，也不要用世俗的标准来衡量你的工作。如果这样做的话，只会让你觉得工作单调、无聊、毫无价值。

如同我们在外面观察一个大教堂的窗户，上面也许布满了灰尘，十分灰暗，没有光彩，但是，如果我们推门走进教堂，将会看到另外一幅景象，色彩绚丽、线条清晰，在阳光之下教堂里会形成一幅幅美的图画。

这向我们提供了一条真理：从外部看待问题是有局限的，只有从内部观察才能看透事物的本质。有的工作表面上看十分无味，只有当你身临其境、努力去做时，才能体会到其中的乐趣与意义。所以，不管你是什么样的人，都要从工作本身去理解你的工作，把工作看成你人生的权利与荣耀——这将是你保持个性独立的唯一方法。

任何工作都值得我们努力去做，别轻视你做的每一件事，哪怕是一件小事，你也要竭尽全力、尽职尽责地把它做好。

能把小事情顺利完成的人，才有完成大事情的可能。一个走好每一个脚步的人，绝不会轻易跌倒，而这也是通过工作获得伟大力量的奥秘。

第三章

战胜挫折

第三章 战胜挫折

经历挫折，才有成功

从小就听到大人说："失败是成功之母，是成功的先导。"但真正能领会这句话含义的人，却是少之又少。只有那些领会了这句话的人才知道，只有在自信主动、心态积极、坚持开发自己潜能的条件下才能获得成功。

通常我们做一件事情失败了，无非有三种可能性：一是我们选择的方向有误，所以需要另外选择自己所走的方向；二是我们在那些方面还没有解决好，所以应该想办法解决；三是还没到做到头，但我们中途就退了下来，所以我们应该坚持下去，做到永不放弃。只要我们把以上三点可能性都一一做到了，那么成功就没有不可能的了。

我的一位好朋友李寿菊说过："失败有什么可怕呢？成功与失败，相隔只是一线。即使你认为失败了，只要有'置之死地而后生'的心态、自信意识，还是可以反败为胜的。有人说，过分自信也会导致失败，但所否定的只是'过分'，而不是自信本身。如果你不是怕丢面子，怕别人说三道四，那么失败传递给你的信息只是需要再探索、再努力，而不是你不行。"

事实正如李寿菊所说的那样，我们都知道爱迪生做了几万次试验，发明了许多造福人类的事物，可他这几万次试验当中至少有99%是失败的，可爱迪生并没有放弃，而是在每次失败后他都能不断寻求更多的东西。当他把原来的未知变成了已知的时候，无数的新事物就被发明出来了。所以，他认为那么多的失败实质上都不能算是失败。

爱迪生说："我只是发现了9999种无法适用的方法而已。失败也是我需要的，它和成功一样对我有价值。只有在我知道一切做不好的方法以后，我才知道做好一件工作的方法是什么。"他说的这句话，不正是深知从各种损失中也能获益的意识吗？从这个意义上，我们认识到只有不怕失败，深知失败意味着什么样的人才配享受，也才可能享受到成功的欢乐。

成功与失败是事物发展的两个轮子。失败是成功之母，是成功的先导。这些话可谓是人人皆知。但在实际生活中，只有

第三章 战胜挫折

自信主动、心态积极、坚持开发自己潜能的人才能真正领会它的含义。

莱特兄弟发明飞机之前,已经有许多发明家的发明非常接近飞机了,可是最终他们还是没有成功。原因在哪儿?为什么莱特兄弟能成功,而那些人却失败了?究其原因是因为他们不会从失败中学习经验,而莱特兄弟却从这些失败中学到了比别人多的经验。他们应用了和别人同样的原理,只是给翼边加了可动襟翼,使得飞行员能控制机翼,保持飞机平衡。结果在别人失败的地方,他们多走了一步就成功了。

如果哪一天你第一次走进长青文化公司李宇晨的办公室,你可能马上就会觉得自己有种"高高在上"的感觉,这是为什么呢?因为他办公室内各种豪华的摆饰、考究的地毯、忙进忙出的人潮及知名的顾客名单就是最好的证明,它们都在告诉你,他的公司是很成功的。

然而,这些成功的背后却藏着无数的辛酸血泪。李宇晨回忆说:"我创业的时候头6个月就把自己10年的积蓄用得一干二净,并且一连几个月都以办公室为家,因为我付不起房租。其实再夸张一点儿地说，我当时的窘境已经到了没有明天的饭钱的地步，但我仍然没有放弃我的理想，我曾婉拒过无数的好工作、无数的好兼职。我为了我的理想，我找了好多投资者，好多朋友，但我都被一一拒绝了。整整3年的时间，我都在艰苦挣扎中，但我从来也没有一句怨言。不是我不想说，而是我不敢说。害怕我一说出来，我就会不进则退；害怕我一说出来，我就会以此为借口放弃我的理想。所以，我一直在说：并不是我不想成功，只是我还一直在学习的阶段。这是一种无形的、捉摸不定的生意，竞争很激烈，实在不好做。但不管怎样，我还是要继续学下去。也许正是因为这句话，我坚持了下来，最终我实现了我的理想。我做到了，而且做得轰轰烈烈。"

"无数次，我的朋友都在问我一个问题：创业的时候被那些困难折磨得疲惫不堪了吧？对于这个的问题，我只是微微一笑便带过了，但在我的心里却这样回答：没有啊！我并不觉得那很辛苦，反而觉得是受用无穷的经验。"

这就是李宇晨成功的经历，从中我们得到了许多启发，那就是成功并不遥远，只要我们有战胜困难的精神，并坚持下去就可以了。

第三章　战胜挫折

天下哪有不劳而获的事？如果能利用种种挫折与失败，来促使你更上一层楼，那么一定可以实现你的理想。看过世上那些大富豪们经历的人一定会知道，他们的功业彪炳史册，但都经受过一连串的无情打击。只是因为他们都坚持到底，才终于获得辉煌成果。

初二年级的时候，我们的英语老师说了这样一句话："你们班的每一个学生英语都是不及格的。"这件事对我们班来说打击太大了。因为一直以来，在我们班同学的心里都认为，我们班是整个年级学习最好的一个班了，不管从哪一门课来说都如此。可是面对英语老师的话，我们受不了了。于是，有许多同学就找到英语老师，希望他能给我们一个明确的说法。

英语老师没有多说什么，只是说："你说的大部分都很对，确实有许多知名人物几乎不知道这一科的内容。例如，鲁冠球、刘永行等那些名人们，他们可以说是一点儿都不懂这门外语。在你们未来的日子里，也许永远也用不到外语，也许外语能为你们带来一生的财富，所以，学习这门课是必需的。而你们面对这门课的态度也决定了你们今后能否成功。"

对于老师这样的回答，同学们愣住了，只是结结巴巴地问出了几个字:"老师,你是什么意思?"

老师笑了,他回答说:"我能不能给你们一个建议呢?我知道你们现在相当失望,我了解你们的感觉,我也不会怪你们,但是请你们用积极的态度来面对这门课吧。这门课非常非常重要,如果不去培养积极的心态,根本做不成任何事情。"

经过这次教训,班里同学都改变了,经过半年的时间,我们的英语成绩直线上升。而现在我们也都理解了老师的苦心。

所以,挫折是人生中不可避免的。一个人的生活目标越高,就越容易受挫折,从而导致压力。

挫折对一些脆弱的人来说是"人生危机",而那些真正懂得生活的人,他会给自己提出这样的要求:战胜挫折,把自己锻炼得更加成熟和坚强。我们都可以化失败为动力,从挫折中汲取教训,好好利用,就可以对失败泰然处之。

千万不要把失败的责任推给你的命运,要仔细研究失败的实例。如果你失败了,那么继续学习吧!这可能是你的修养或火候还不够的缘故。世界上有无数人,一辈子浑浑噩噩、碌碌无为,他们对自己一直平庸的解释不外乎是"运气不好""命运坎坷""好运未到",这些人仍然像小孩那样幼稚与不成熟;他们只想得到别人的同情，简直没有一点儿主见。由于他们一直想不通这一点，才一直找不到使他们变得更伟大、更坚强的机会。

　　在普通情形下，"失败"一词是消极的，但我们要赋予这两个字新的意义。因为这两个字经常被人误用，而给数以百万计的人带来许多不必要的悲哀与困扰。

战胜困难，迎接成功

有些人在失败时总将原因归于命运，认为那是命运的安排。实际上，世间并没有神主宰人们浮浮沉沉的命运，人若自败，必然失败。人世间的每一个人都会面对许多困难，而成功的人往往是在困难中想象成功的人。

许多具有真才实学的人终其一生却少有所成，其原因在于他们深为令人泄气的自我暗示所害。无论他们想开始做什么事，他们总是胡思乱想着可能招致的失败。他们总是想象着失败之后随之而来的羞辱，一直到他们完全丧失创新精神或创造力为止。

对一个人来说，可能发生的最坏的事情莫过于他的脑子里总认为自己生来就是个不幸的人，命运女神总是跟他过不去。其实，在我们自己的思想王国之外，根本就没有什么命运女神。我

第三章 战胜挫折

们是自己的命运女神，我们自己控制、主宰着自己的命运。

有一则寓言，写两只蚂蚱一天早晨在嬉戏中失足掉进了人们扔在路边的奶酪罐里，罐里未吃完而剩下的奶酪足以使两只蚂蚱遭受灭顶之灾。蚂蚱掉进罐子后，其中一只叹了口气，心想："完了，上帝安排我掉进这陷阱，就由他去吧。"于是，时间不长它便沉了下去。而另一只蚂蚱呢？它虽然也在往下沉，但它却在不断地挣扎着。它一边挣扎，一边想着与伙伴们在美丽的花草上跳跃嬉戏的情景。它在想着跳出去后将要去不远处的一座皇家花园里安家。它就这样不断地挣扎着，一直到太阳升得老高，阳光蒸发了罐中的水分，奶酪也逐渐凝固成硬块，这只蚂蚱用力一跃，终于跳了出来，它获得了自由。

成功往往与自己的心态有着莫大的关系。在每个地方，尽管有一些人抱怨他们的环境这也不行那也不行，他们没有机会施展自己的才华。但是，就是在相同的条件下，也有一些人却设法取得了成功，使自己脱颖而出，天下闻名。

我们经常看到有些能力并不十分突出的人却干得非常出色，而我们自己的境况反不如他们，甚至于一败涂地。我们往往认为有某种神秘的命运在帮他们，而在我们身上有某种东西总是在拖我们的后腿。事实上，是我们错了。如果我们仔细地去想、去看、去问，就会发现，不是我们不如他人，而是我们的心态出了问题。那些能力不如我们的人，他们能做得十分出色，是因为他们有着战胜困难，迎接成功的心态。正因为如此，他们最终都成功了。

任何人都想获得成功，都想实现自己的梦想，也都希望自己成为英雄人物，有这么多的梦想、希望，那么我们就要激励自己拥有无所畏惧的思想。我们绝不能害怕任何事情，也绝不能让自己成为一个懦夫、一个胆小鬼。

《再努力一点》这本书上，写着这样一段话："如果你一直胆小怯懦，如果你容易害羞，那就不妨使自己确信——自己再也不会害怕任何人、任何事，那你就不妨昂起头，挺起胸来，你不妨宣称你的男子汉气概或是你的巾帼不让须眉的气概。一定要痛下决心加强你个性中的薄弱环节。"

难道不是吗？对畏缩、胆怯和害羞的人来说，如果能展现出另外的神态，如果能表现出自信的样子，那么，对于他们来说往往大有裨益。

对于那些胆怯、害羞的人来说，他们最想的就是走出这些阴影，把胆怯、害羞的心态改变，其实改变这些心态，不能靠别人，靠的只能是自己。你们不妨对自己说："其他人太忙，不会来操心我或看着我、观察我，即使他们看着我、观察我，对我来说也没什么大不了的。我将按自己的方式行事和生活。也不管世人如何评价你的能力，还是你面临什么困难，你绝不能允许怀疑自己能成就一番事业的能力，你绝不能对自己能否成为杰出人物心存疑虑。要尽可能地增强信心，在很大程度上，运用自我激励的办法来激励自己做到这一点。当你们哪一天做到了这点，那么明天的阳光就会照射在你的身上了。"

面对挫折需要坚强的毅力

歌德说:"人生重要的在于确立一个伟大的目标,并有决心使其实现。"但是如果没有坚持的毅力,谁不会在这么多的挫折面前低下高傲的头颅呢?挫折像专为撒旦服务的魔鬼一样死死纠缠,撒旦的意志似乎不可扭转,但坚持能使这一切改变,挫折的意志也得为之让步。我们来看看下面的几个例子:

海伦·凯勒在老师的帮助下,克服了身体上的残疾,以惊人的毅力面对困境,最终寻求到了人生的光明。

说起海伦·凯勒的遭遇,我们没有人能不感动,没有人能不佩服她的精神。

海伦·凯勒出生在一个富裕、快乐的家庭中,可是她很不幸,她又瞎又聋,无法感受亲人的关爱,也不能体会人生的欢

第三章　战胜挫折

乐。用一句话来说，就是她只能在无声无色的童年坟墓周围徘徊。可是，海伦·凯勒的精神让她改变了自己，她用勤奋寻求心灵的光明，经过她努力的坚持最终以微笑战胜了人生道路的坎坷，创造了人类历史上的奇迹。

对于海伦·凯勒的成功来说，有一部分人会认为海伦之所以能一举成名，是依靠人们的同情与怜悯。可是事实并非如此，她的成功是经过她的努力得来的，她经过许多的挫折，从小时候命运带给了她挫折，让她陷入困境，到后来的努力学习中遇到的无数挫折，但她依然是微笑着坦然面对坎坷，也正是因为这些挫折，所以海伦·凯勒比其他人更加坚强，更加努力。

从古至今，我们所知道的那些名人、那些君主或者那些平凡的人，没有哪个人生道路中不会有挫折。现实当中，我们一次考试的失败、某位亲人的离去、一场大病的侵袭，这些都是挫折。然而有的人面对挫折悲痛欲绝、怨天怨地，不断沉沦，陷入精神的黑暗深渊，很久都无法解脱。但有的人却能克服短暂的悲哀，化悲伤为动力，努力改变自己，逃出困境。

我们所知道的女科学家居里夫人，她的成就不是任何人都可以相比的，她曾经也遇到过挫折，而她的挫折也是别人无法想象的。当她克服重重困难，通过努力学习，认真研究，攀登上了科学高峰时,她的丈夫皮埃·居里却死了。丈夫的死给她带来了巨大的打击,可居里夫人为了完成丈夫的遗愿,继续钻研,将悲痛埋藏在心底,最终为人类做出了巨大的贡献。

所以,生活中的失败挫折既有不可避免的负面影响,又有正面的功能;既可使人走向成熟、取得成就,也可能破坏个人的前途,关键在于你怎样面对挫折。

其实,当一个人身处顺境时,尤其是在春风得意时,一般很难看到自身的不足和弱点。唯有当他遇到挫折后,才会反省自身,弄清自己的弱点和不足,以及自己的理想、需要同现实的距离,这就为其克服自身的弱点和不足、调整自己的理想和需要提供了最基本的条件。因此,挫折是人生的催熟剂,经历挫折、忍受挫折是人生修养的一门必修课程。

世间最容易的事是坚持,最难的事也是坚持。说它容易,是因为只要愿意做,人人都能做到;说它难,是因为真正能做到的,终究只是少数人。

亚伯拉罕·林肯总统的故事也说明了坚持的毅力虽是极其不易,却最终能摘得成熟的果实。

林肯本是个木匠的儿子,家境贫寒。为了生活,一家老小都得从事非常艰辛的劳动。幼年时期的林肯只上过12个月

第三章　战胜挫折

的学，到1829年止，林肯曾先后在家乡当过劈柴工、店铺小伙计。这种经历和磨炼的结果，是使他有一副强韧精悍的体魄，并培养出过人的勇气、耐力和自信，更赋予他驾驭自己命运的能力。

1832年8月，林肯迈出了从政的第一步——竞选伊利诺伊州议会议员，以赞扬建立全国银行、征收保护关税为题发表了竞选演说，然而，林肯落选了。他有些失望，在随后的一年多时间里，他与人合伙开过商店，担任过村邮递员、土地测量员。然而，打击接踵而至。他有4个孩子，但是夭折了3个；26岁失恋，差点死掉；27岁那年精神崩溃；34岁，他竞选众议员失败，再选，又失败；45岁改选参议员，还是败北；直到52岁，参加总统选举，才终于成功了。

成功在于坚持。这是一个并不神秘的秘诀。通往成功的道路有时一帆风顺，有时则荆棘满地。面对前者你当然轻易便能坚持，而一旦遇到后者的情况，当考验你的时刻来临，你还会有一开始时的勇气与毅力吗？

当然，挫折也有负面效应。虽说一个人经受一些挫折有一定的好处，可以锻炼人的意志，培养在逆境中经受挫折失败后再接再厉的精神，但不断地让人经受挫折，经常陷于挫折之中也是不可取的。如果这样，则对一个人的压力太大，会使其人格发生根本性变化，从而变得冷漠、孤独、自卑，甚至执拗。

战胜挫折，把挫折当作测试机会

爱默生说过，我们的力量来自我们的软弱，直到我们被戳、被刺，甚至被伤害到疼痛的程度时，才会唤醒包藏着神秘力量的愤怒。伟大的人物总是愿意被当成小人物看待，当他坐在占有优势的椅子中时会昏昏睡去。当他被摇醒、被折磨、被击败时，便有机会可以学习一些东西了。此时他必须运用自己的智慧，发挥他的刚毅精神。他会了解事实真相，从他的无知中学习经验，治疗好他的自负精神病。最后，他会调整自己并且学到真正的技巧。

然而，挫折并不保证你会得到完全绽开的利益花朵，它只提供利益的种子。你必须找出这颗种子，并且以明确的目标给它养分并栽培它，否则它不可能开花结果。上帝正冷眼旁观那些企图不劳而获的人。

世界著名的推销大师原一平从不避讳谈他在年轻时的经历。他认为，那些经历都是人生最宝贵的财富。年轻时原一平曾在一家米店半工半读，以白天工作、晚上读书的方式完成了他的学业。在那段时间里，给原一平带来的经验也是很多的。

他所打工的那家米店有大小两个老板，小老板原来是米店的学徒，因吃苦耐劳、精明能干被大老板赏识而收为养子，让他继承了自己的事业。原一平在米店打工的时候，大老板已经退出米店，全交由小老板打理了，因为大老板已经老了。小老板管理米店后，在店里加了一个牌子。这个牌子上写着这样的四句话：

    平生绝不做保人，

    勿理寿险推销员。

    勤劳节俭必成功，

    切记万事勿大意。

为什么他会让人写上这样的四句话呢？原来小老板的一个亲人，因为买保险而陷入了一场又一场的官司，小老板知道后很气愤，所以写下了这样的四句话，作为店训。为米店打工的

第三章 战胜挫折

原一平也牢记在心。可是，世上的事，往往是难以预测的，可能连原一平自己也没有想到后来会成为一名米店老板讨厌的推销员。

后来，原一平离开米店投入了人寿保险行业，但很长时间过去后，米店的店训一直在折磨着他，那几个字"平生绝不做保人，勿理寿险推销员"令他一直耿耿于怀，如芒在背，浑身难受。为了解决这件事，同时也出于原一平好奇的心理和职业的本能，原一平决定再到米店去一趟，探个究竟。同时也想做老板一家的保险。

一天下午，他来到米店向小老板推销寿险。"好久不见了，生意还好吗？"原一平说。

"哦，是一平君啊！很久不见了，托你的福，生意马马虎虎过得去啦！对了，一平君，现在你在哪家企业高就啊？"小老板说道。

"我是明治保险公司的推销员。"

"喔！那你们的工作很辛苦吧！"

"辛苦是有些辛苦，但是报酬也是蛮丰厚的，从我做保险推销员到现在,我的客户一直在增加。同时,我也很感谢当年大老板和你对我的教导,对于'勤劳节俭'这几个字我一直奉行不渝,所以我才有今天的微薄成绩。"

就这样,原一平和小老板聊了很长时间,在一个适当的时机,原一平说道:"我还有事请教,您似乎还没投保寿险吧……"

这样的一句话对于其他人来说没什么,可对于小老板来说,是他的禁区。一提到保险,小老板的脸上立刻出现了厌恶的神态,他立即打断原一平的话。

"一平君,你也算是我们米店的一位老员工了,虽然你现在不在这里工作了,但你应当不会忘记店训吧!你应该很清楚我以前是怎么对待向我推销保险的人。你今天来,我是看往日的情分上才与你交谈,若换成别的寿险推销员,我理都不理,看都不看他。所以,有关保险一事,请勿再提,若提就只好请您出去当我们根本就不认识。"

原一平的招式没用了,他一开始认为,只要开门见山,单刀直入,那么他就可以先发制人,没想到刚一出招,就被小老

第三章　战胜挫折

板顶了回去，让自己反而陷入被动，真是一次失败啊！

"嘿嘿，没想到，你的脾气跟9年前相比还是一模一样，仍是那么执着呀！算了，我也不提了，免得让你生气。"

"哈哈哈，别挖苦我了。我看你倒是挺干脆的，闭口不提保险啦！"小老板说。

可是对于原一平来说，任何的困难、任何的挫折都不能打倒他，他是一个不达目的誓不罢休的人。当他第一次打定主意要说服这位固执的小老板时，他就不会放弃他的计划。为了让小老板最终成为他的顾客，他不得不以退为进。他故意不谈保险，而是跟小老板聊了一会儿家常。最后，原一平要走的时候诚恳地丢下一句话，就知趣地告辞了。他说："我希望你能听得进去我说的这句话，您可以听也可以不听，买保险的目的主要就在于有备无患。保险也要具备一定的条件，只有身体健康才能投保。如果身体衰弱，那么寿险公司是不会接受您的。希望你能考虑，对大老板也考虑一下。"

事情往往就是这样，原一平所说的话很快地言中了。几天后，原本身体还算健壮的大老板，突然因故去世。原一平知道噩耗之后，急忙包了厚重的供品前去吊丧。在大老板去世的这段时间里，原一平一直帮着小老板忙里忙外，在此期间原一平还不忘向小老板灌输有关保险的意识。

原一平的努力没有白费，他的付出也得到了回报。在大老板死后的一个月后，小老板突然请他去米店商量一件事情。

"一平君，家父突然去世，我也不知道该怎样才好，幸亏您及时出现，帮了很多的忙，使一切的善后事宜都能处理妥当。家父的去世，对我打击甚大。不过，我会听从您的鼓励和教导，重新振作起来。另外，这件事也使我明白了一个道理，我决定纠正以前错误的观念，夫妻俩一起投保。当然，这并不完全是出于对你的谢意。同时经过这件事，我也明白了许多事情，要想有备无患，就必须投保，要趁健康时赶快投保，以免到时候来不及了。还记得那次，我俩的谈话吗？虽然当时我一口就回绝了你，但在你走后，我的心里也一直在琢磨这件事。后来经过家父的事，我重新想了想，觉得你的话还是有道理的。"

原一平达到了他的目的。通过这件事，他总结出了一个道理，他认为在推销过程中，推销员一定要有牛皮糖似的那种韧性，

第三章　战胜挫折

因为被客户以"我最讨厌保险"来拒绝的情形,可谓家常便饭。这时候,若以硬碰硬、横冲直撞,定会撞个头破血流、徒劳而返。此时,不但需要拥有战胜挫折的心理,还需要智慧与技巧。

原一平的话很有道理,他也是这样而成功的。后来,有人问起过原一平,当你失败时,你是如何面对挫折的,如何及时调整自己的心态来面对这一切困难的?对于这个问题原一平说了这样一段话:"我只是把挫折当作是发现自己思想的特质,以及思想和目标之间关系的测试机会。如果你真能了解这句话,它就能调整你对逆境的反应,并且能使你继续为目标努力。挫折绝对不等于失败——除非你自己这么认为。"

是啊,当我们面对挫折时如果能这样想,那么我们会怎样呢?答案是继续努力,实现自己的目标,当再一次遇到困难时,勇敢地去战胜它。

在中国的一个小城里有一个普通公民,43岁时发现患了血癌。初时他每天闭门不出,时不时地大发雷霆,从此,他的生活随着他的改变一落千丈。几个月后,他想通了,他不能再这样下去了。一天,他对妻子和两儿两女说:"我要尽可能地活下去,我从今天起接受化疗。我希望你们帮助我,让我能有勇气面对这个不治之症。我们都不愿意死去,但也不要害怕死亡,我们仍可创造幸福美好的明天。"

从此,他振作起精神,一改之前的所作所为,每天坚持跑步、治疗,并且他还组织了一个特殊的集会,这是由一些癌症患者参加的聚会,他们常常在一起互相帮助摆脱心理上的阴影,愉快地去赢得新的生命。他们共同寻求解决问题的方法,尽可能争取多活些时间。他将这个机构定名为:"让今天更有价值。"

是啊,每个人都有生存的意义,哪怕你只有一天的生命也不要轻言放弃。

第三章　战胜挫折

勇敢面对困难的挑战

挫折与不幸，是人生经历中的必要组成部分。

如果说一个人，从小到大都是一帆风顺的，没有任何困难的考验，那么对于这个人来说是最不幸的了。并不是说，我们不愿意别人不经困难，不经挫折而成长。事实上，我们是为他而感到叹息。试想如果一个人从小到大都没有经历这些，当有一天遭遇失败了，经历困难和挑战了，他还会如平时一样吗？

威廉·马修斯说："困难、艰险、考验，在我们走向幸福的人生旅途上碰到的这些障碍，实质上是好事。它们能使我们的肌肉更结实，使我们学会依赖自己。艰难险阻也不是什么坏事，它们能增强我们的力量。"诚如斯言，工作中的挑战会增强我们应对困难的能力，获得理想的经验值。

挑战总是在我们能够预料的情况下出现。俗话说：没有一条通向光荣的道路是铺满鲜花的。如果一心只想避免挑战，你便会在它突然到来时措手不及。既然挑战总会出现在我们眼前，我们何不做好积极面对的心理准备，乐于接受它，并把它当作人生不可多得的宝贵财富呢？这样的你才显得自信达观。

一个障碍，就是一个新的已知条件，只要愿意，任何一个障碍，都会成为一个超越自我的契机。锲而不舍地挑战，你便会克服重重障碍，在无数教训与经验中获得满足，并最终达到人生的目标。

那些整天想着怎么样回避挑战的人也许有一天清醒过来，就会发现挑战其实并不可惧，反而能从它的价值中找到可爱之处。

有一天，一头猪面对着要把它屠杀了过节的人很惊慌。在经过一段周旋后，猪跑了出来，它找到了天神，对天神说："我很感谢您赐予我如此肥胖的身体、如此清闲的生活。可是我还有一些问题不是很高兴。"

天神听了，微笑着说："你把你的问题说给我听吧！也许我能为你解决这些问题。"

猪轻轻叫了一声，说："天神啊！你知道吗？我从出生以后，一直都是生活得很美好的，可是每到了一些日子，那些

第三章 战胜挫折

人就要把我杀了,这是为什么啊?这次要不是我拼命地跑,我想我也没有机会再见到你了。天神,我想请你再赐予我力量,让我不再被这些人所杀害,当他们要抓我的时候,让我能像老虎、狮子一样把他们吓跑。"

天神笑道:"你去找狮子吧!我想它会给你一个满意的答复的。"

猪兴冲冲地跑到森林里找到了狮子,它还没到狮子的跟前,就听到狮子在那里大叫:"天神啊!这是为什么啊?我很感谢您赐予我如此雄壮威武的体格、如此强大无比的力气,让我有足够的能力统治这整片森林。可是,尽管我的能力再好,但是每天鸡鸣的时候,我总是会被鸡鸣声给吓醒。神啊!祈求您,再赐予我力量,让我不再被鸡鸣声吓醒吧!"

听到狮子的话,猪又跑到了天神那里对天神说:"天神,狮子还是不能解决我的问题,你帮帮我吧!"

天神又对猪说:"那你去找大象吧!我想它应该能帮助你。"

猪找到了大象,却看到大象正气呼呼地直跺脚。

于是问大象:"你干吗发这么大的脾气?"

大象拼命摇晃着大耳朵,吼道:"有只讨厌的小蚊子,总想钻进我的耳朵里,害得我都快痒死了。"

听到这些话,猪好像明白了什么,它没说什么,就转身回去了。在路上他心里暗自想着:"狮子,它是森林之王,可是它还是害怕一只小小的鸡鸣。体型这么巨大的大象,还会怕那么瘦小的蚊子,那我还有什么可抱怨的呢?我至少在很长的一段时间内比它们过得好,生活得好。另外,我不被人类杀死,我也会很快老死的,看来我比狮子、大象它们幸运多了。"

是啊!世上万物,没有什么会一帆风顺。在我们人生的道路上,无论我们走得多么顺利,但只要稍微遇上一些不顺的事,就会习惯性地抱怨老天亏待我们,进而祈求老天赐予我们更多的力量,帮助我们渡过难关。但实际上,老天是最公平的,就像上面所说的故事一样,每个困境都有其存在的正面价值。

有时候,人所面临的最大挑战正是自己本身。如果你总是败在自己脚下,不肯正视自身的弱点并一点一滴地努力纠正,那么,在进一步的外部挑战中你就会千方百计地回避。长此以往,你无法面对逆境,任何不顺心的事都能让你一天的计划落空,并时刻打击你的自信。这种糟糕的局面会一直伴随着你的职业生涯，让你默默无闻，了此一生。

所以，相信自己的力量，迈出象征性的一步，乐于在挑战面前表现自己，即使失败，也相信从头再来的机会。还等什么呢，也许下一次的挑战便是你实力迸发的机会！

我为什么会失败

　　一个人成功的前提是具有百折不挠的精神,要想着:即使屡战屡败,也永不言败,因为我相信挫折打不败信心。

　　拿破仑·希尔就曾经对自己的员工这样说过:"千万不要把失败的责任推给你的命运,要仔细研究失败。如果你失败了,那么继续学习吧!可能是你的修养或火候还不够的缘故。你要知道,世界上有无数人,一辈子浑浑噩噩、碌碌无为。只有那些百折不挠、牢牢掌握住目标的人,才真正具备了成功的基本要素。我的公司就需要这些为大目标而百折不挠的人。"

　　是啊,通向成功之路并非一帆风顺,有失才有得,有大失才能有大得,没有承受失败考验的心理准备,闯不了多久就要走回头路了。要知道失败并不可怕,关键在于失败后怎么做。学会正

第三章　战胜挫折

确对待失败的态度，你才能在充满艰辛的征途中勇往直前。

当我们面对挫折时，首先需要控制自己的情感，最重要的是要转变意识，纠正心理错觉。在想不开时换个脑筋变一变，想开一点儿：为什么倒霉的事情可以发生在别人身上，而绝不该发生在你的生活中呢？毫无疑问，世界上有许多美丽的令人愉快的事情，也有许多糟糕的令人烦恼的事，却没有一种神奇的力量只把好事给你，而不让坏事和你沾边，当然也没有一种神奇的力量把好坏不同的境遇完全合理地搭配，绝对平均地分给每个人。一个人如果能真正认识到自己遇到的不如意的难题不过是生活的一部分，并且不以这些难题的存在与否作为衡量是否幸福的标准，那么他便是最聪明的，也是最幸福和最自由的人。

愿望不等于现实，在这点上，人生如同牌局。如果你已经遭受苦难和面临意想不到的压力，即使委屈等待，下一步也不一定就会时来运转。如果连续抛10次硬币，每一次都是反面向上，那么第11次怎么样呢？许多人会认为是正面，错了！正面向上和反面向上的可能性仍然一样大。如果没有必然联系、因果关系，那么一件事发生的概率是不受先前各种结果的影响的。

当然，人生之中的挫折大多是难以避免的，但很多人由于心态消极，在心理错觉中导致心理推移这一点上却是自寻烦恼。他们一旦陷入困境，不是怨天尤人，就是自我折磨、自暴自弃。这一切不良情绪只能为自己指示一条永远看不到光明的"死亡之路"。印度诗人泰戈尔说得好："我们错看了世界，却反过来说世界欺骗了我们。"

如果你认为困境确实是生活的一部分，那么你在遇到它时沉住气，学会控制自己的情感，凭着勇敢、自信和积极的心态，乐观的情绪，就一定能走出困住自己的沼泽。

首先，你可以考虑自己所面临的压力是否马上能改变，可以改变的就努力去改变，一时无法改变就要勇于去接受，这叫接受不可改变的事实。第二，你再想想，这件不如意的事坏到什么程度？想方设法避免事情变得更糟，避免处境更加恶化。第三，面对压力，分析原因，通过心理自救，即选择控制自己的情感，并依靠自己的努力和争取别人的理解和支持，去寻求和创造转机，走出压力，化压力为动力，走出困境。在这个过程中，最关键的问题就是自信主动，善于选择，保持心理的平衡。

在转变意识、纠正心理错觉的问题上，还要注意另一种心理错觉——倒霉的时候只想着倒霉的事，而没有看到自己的生活还有光明美好的一面。

人们常常就是这样，一旦遇到挫折和不幸就容易眼界狭窄、思维封闭，眼睛只是死死盯在自己所面对的问题上，结果把困境和不幸看得越来越严重，以致被抑郁、烦恼、悲哀或愤怒的不良情感压得抬不起头来。由于注意力高度集中在挫折与不幸上，思想和意识就会被一种渗透性的消极因素所左右，就会把自己的生活看成一连串的无穷无尽的绳结和乱麻，感觉到整个世界都被黑暗、阴谋、艰难和邪恶所笼罩……这么一来，那就只有发出懊恼和沮丧的哀叹了。其实，这是含有严重的歪曲成分和夸大程度的消极意识和心理错觉。我们既不会万事如意，也不会一无所有；既不会完美无缺，也不会一无是处。如果你能随时随地地看到和想到自己生活中的光明一面和美好之处，同时意识到自己面临的难题、遭遇的困境、别人遇到的甚至比自己的更严重，那你就能选择控制自己的情感，保持心理平衡，从某种烦恼和痛苦中解脱出来，并且有可能获得新生，会照样或更加自信而愉快地生活。

因此，在坚持到底的过程中，绝不轻言放弃，但要学会暂时放手。也就是说，当你遇到重大的难题时，不要马上放弃，你可以先放下手中的工作，透透气，使自己的思维放松。当你回来重新面对原来的问题时，你就会惊奇地发现解决问题的答案会不请自来。适当的放松可以使你的头脑更加冷静，从而为力挽狂澜打下坚实的基础。

　　同时，千万不要幻想一夕的成功，因为那是不可能的。每个成功者的背后都是无数次失败的惨痛经历。如果你是一个刚刚加入公司的新职员，你将面临的是一个全新的世界。这需要你的耐心和坚持，才能汲取经验。在反复的失败与总结中，才能不断地获得阶段性的成功。其实，任何学习都要经历这一过程。

　　虽然说成功之后还是成功，失败却未必招致失败。关键是你如何看待失败，是否会从失败中获得成功的动力与有用的东西。

成功来自于自信

　　坚强的自信，便是伟大成功的源泉，不论才干大小，天资高低，成功都取决于坚定的自信力。相信能做成的事，一定能够成功。反之，不相信能做成的事，那就绝不会成功。

　　只有对自己充满自信，才会精力充沛，豪情万丈，活得有滋有味。如果我们都觉得自己萎靡不振，一事无成，可以想象这种生活是一个什么样子。胸无大志，自认为是多余的人，甚至自暴自弃，破罐子破摔，这等于是精神自杀，这样的人怎么会有所成就呢？

　　所以，一个人如果不相信自己能做那些从未做过的事，他绝对做不成。只有领悟到这一点，不依赖于他人的帮助，不断努力，才能成为杰出人物。所以，任何人都要有坚强的意志，要相信自己。

美国百货大王梅西是在无数次的失败中,一步一步成长起来的。也可以说,他是经过多次与挫折的战斗,并且打败挫折才获得成功的。

也许很多人都知道,在淘金时代很多人都梦想着淘金。因此,淘金者也有很多,人多所以生意也应该好做,这是梅西的想法。于是,梅西在加利福尼亚开了个小饭馆,按他心里所想的,供应淘金客膳食是稳赚的买卖,谁知道那些淘金者一无所获。什么也买不起,于是他的小饭馆也随之关闭了。

随着梅西的努力,他又赚了一些钱,但不久之后,几桩生意又让梅西彻底破产了。可是梅西先生并不死心,他又跑到新英格兰做布匹生意。这一回他时来运转,不但买卖做得灵活,最终,梅西的商店成了世界上最大的百货商店之一。

事情就是这样,只要你始终抱着坚持到底的信念,永不言败,跌倒了再爬起,成功肯定在不远的前方等着你。记住:当你似乎已经走到山穷水尽的绝境时,离成功也许仅有一步之遥了。

有许多人这样想:世界上最美好的东西,不是他们这一辈子所应享有的。他们认为,生活上的一切快乐,都是留给一些命运的宠儿来享受的。有了这种卑贱的心理后,当然就不会有出人头地的观念。许多青年男女，本来可以做成大事、立大业，但实际上竟做小事，过着平庸的生活，原因就在于他们自暴自弃，他们不曾怀有远大的希望，不具有坚定的自信。

假如上司交给你一项极富挑战性的工作，这项工作对于你来说是全新的，从未接触过的，因为没有经验可以借鉴，更没有指导者可以请教，你能做的只有大胆地去尝试。在这种情况下，你犯错误是难免的，彻底失败也是常见的。但失败并非罪过，重要的是从中吸取教训。失败的结果对于你的上司来说，总是令人不满的，但是，他更关心的是自己的下属对于失败的态度。如果你能够及时地从失败中总结经验教训，找出导致失败的因素，从而在今后类似的工作中彻底避免同样错误的发生，你的上司将不会对你偶然的一次失败而耿耿于怀。相反，他会认为，这个员工善于总结教训，正在不断地成熟。是的，那些跌倒了又立刻爬起来，掸掸身上灰尘重新拼搏的人，才会获得最终的成功。

实现目标的征途中时时隐藏着荆棘、潜伏着坎坷，这过程中遭遇挫折和打击自然是家常便饭。一劳永逸的想法是错误的，任何工作都不可能一蹴而就。

看看美国名人榜的生平就可以知道，这些功成名就的伟人们，无不曾受到过一连串的无情打击。之所以最终能够获得成功，是因为他们知道从失败中吸取教训，注意在日常生活中培养自己坚韧不拔的意志，懂得树立坚定的信念、以不断的努力换取成功的道理。

大剧作家兼哲学家萧伯纳曾经写道："成功是经过许多次的大错之后才得到的。"是的，失败正如冒险和胜利一般，是生命中必然具备的一部分。

伟大的成功通常都是在无数次的痛苦失败之后才得到的。只要能从失败中学到经验，你便永远不会重蹈覆辙。失败也不会令你一蹶不振。

几乎所有大公司的管理者都会对自己的员工一再强调，成功是建立在无数次失败的基础上的。关键是对待失败的态度，它决定着你是否能够获得最终的胜利。

所以，一个人在做某件事，尤其是在担当重任或大胆创新的时候，就需要自信，而不是只有在成功之后才拥有自信。

第四章

把工作做到位

执行没有借口

任何一个人都会犯错，对待错误的态度常常显示出一个人的品格。敢于忏悔，勇敢地面对自己的错误，才有机会改正和进步。对于犯下的错误，别去寻找任何借口来为自己开脱，如果你没这样做，你一生都会受到良心的折磨。

法国的著名思想家、文学家卢梭在他的《忏悔录》中写到这样一件事：在卢梭很小的时候，由于家里很穷，为了求得生计，他只能到一个有钱人家当小用人。在这个有钱人家里，有一个侍女，她有一条非常漂亮的丝带，这条丝带许多人都喜欢。一天，卢梭趁侍女不在，把这条小丝带悄悄地拿到院子里玩了起来。

当卢梭玩得高兴的时候，一个用人发现了他手中的丝带，于是告诉了有钱人。这位有钱人非常恼火，他立刻把卢梭叫到了房里并追问卢梭丝带是哪儿来的。卢梭非常紧张，他在心里想：如果承认丝带是自己拿的，自己的工作一定没了，还会被赶出去，以现在的年龄要想再找一份工作非常困难。于是，他撒了一个谎，说丝带是另外一个用人给他的。有钱人又把那个用人叫来，那位被卢梭陷害的用人，哭着对有钱人说丝带并不是他拿的。可是卢梭呢？他在那儿，把整件事情的经过编造得有声有色。

对于卢梭和那位用人的说法，有钱人很生气，于是把他们两个都辞退了。两人离开后，有钱人对其他用人和侍女说："我知道他们两个当中有一个是无辜的，但是我无法证明谁是真正的小偷，但是说谎的人一定会受到良心的惩罚。"

有钱人的说法很正确，这件事情给卢梭带来了一生的痛苦，后来在卢梭的自传里这样说："那件事所带来的沉重负担一直压在我的心里，由于这种良心上的折磨，所以我写下这部忏悔录来忏悔我所犯下的错误。"

一次错误的借口折磨了卢梭一生，但是卢梭能在后来的道

第四章 把工作做到位

路上找到自己的成功之路，并把借口永远地拒之门外，所以卢梭成功了。

作为一名好员工，无论从哪一方面来说，做什么事情都要记住自己的责任，这是永恒不变的。同样，无论你身处在什么样的工作岗位上，你都要对自己的工作负责，不要想着找某些借口来为自己开脱或搪塞。

在现实生活中，我们常常会听到这样一些借口：迟到了说"马路塞车"或"昨天怎么了，然后今天起晚了"；当拿着试卷回家后，父母看成绩不如意，会说"题目太偏"或"题量太大"，更有一些会说"是你们没给我好吃的，让我营养跟不上，我们老师说了，只有营养跟上了，学习才能好"。这些种种借口都是用来开脱自己的不是的。

在企业里，一个不找借口的员工，肯定是一个执行力很强的员工。对于身在职场的人来说，工作就是一种职业使命，是不容任何人去找任何借口来开脱的，必须一一地去执行。

任何一个员工要完成领导交给的工作，必须具有强有力的执行力，因为强有力的执行力是保证完成工作的前提。我们接受任务就意味着做出了承诺，就要无条件地执行，这是不容改变的。

有一家效益相当好的公司，他们为了选拔高素质的营销人员，想出了各种各样的题目来考验这些应聘者，其中有一道试题是这样的：把录音机卖给一些残疾的聋人，限期为一个星期。

对于这个试题，去应聘的很多人都感到不可思议，嘴上议论纷纷，聋人怎么会买录音机呢？更有人认为，这也许是公司不想录取我们故意出的难题吧！让我们把录音机卖给聋人有什么意义呢？

很多人当场就表示这样做无疑是浪费时间，于是纷纷退出了。也有一部分人坚持了几天，最后还是离开了。最后，只有小刘、小王和小李坚持了下来，在他们的心中是这样想的：既然想成为这家公司的员工，就要服从上司的安排；接受了任务就要去执行并且坚持下去，最后的结果如何并不是最重要的。于是，他们三个人分头出去执行任务。

一星期后，小刘卖出了三个录音机，小王卖出了五个，小李一个没有卖出去，不过这家公司最终聘用了他们三个。老板问他们是怎样去完成的，他们三个回答差不多都一样：我只想成为这家公司的一员，所以要服从领导的安排，既然接受了任务，就要去执行。

第四章 把工作做到位

现实生活中有哪一个老板不喜欢这样的员工呢？他们三个能被聘用也是理所当然的。

所有的老板都希望自己的企业能拥有更多的优秀员工，他们都希望自己的员工能不折不扣地完成任务。当老板下达更多、更重要的工作时，员工能完美地执行，并且不找任何的借口，这就是领导眼中最优秀的员工。

提高你的标准

西点人崇尚第一,要求每个人都努力争取第一。战场上除了胜利就是失败,没有平局可言。西点人不需要弱者,唯有胜利能证明一切。西点校内一直流行着这样一句名言:只要你不认输,就有机会。

在西点军校,从来没有人会说西点军校队要在某时某刻与某某队比赛,而是一律宣称:"西点军校队将要在某时某地打败某某队。"连失败的任何可能性,都从语言里剔除掉了。与重荣誉、讲究名誉有关的西点道德品格教育的另一个突出点,是军校一直大力灌输培养竞争意识、取胜精神和必胜态度。

作为职场人士来说,我们就必须具备这种精神,就必须以最高的标准要求自己,在工作的时候,就意味着要做到让客户百分百地满意,让客户感受到超值的服务。就好像微软的核心

第四章　把工作做到位

价值观一样：在每一件事上追求尽善尽美，这是微软追求的标准之一，也是卓越员工工作的唯一标准。

在职场中，曾经有这样一个故事：

鲤鱼们都想跳过龙门。因为，只要跳过龙门，它们就会从普普通通的鱼变成超凡脱俗的龙了。

可是，龙门太高，它们一个个累得精疲力竭，摔得鼻青脸肿，却没有一个能够跳过去。它们一起向龙王请求，让龙王把龙门降低一些。龙王不答应，鲤鱼们就跪在龙王面前不起来。它们跪了九九八十一天，龙王终于被感动了，答应了它们的要求。鲤鱼们一个个轻轻松松地跳过了龙门，兴高采烈地变成了龙。

不久，变成了龙的鲤鱼们发现，大家都成了龙，跟大家都不是龙的时候好像并没有什么两样。于是，它们又一起找到龙王，说出自己心中的疑惑。

龙王笑道："真正的龙门是不能降低的。你们要想找到真正龙的感觉，还是去跳那个没有降低高度的龙门吧！"

没有高要求，就没有高动力。问及很多高效的销售员工，为什么他们能够创造奇迹般的销售业绩，他们的回答各种各样，但是其中有一点非常相似：他们对自己都有着极高的要求。他们都要求自己能够做到完美的状态，能够使顾客百分之百地满意，同时要求自己能够成为公司团队中的最佳一员，要求自己能够为公司和同事创造真正的利益与价值。正是拥有了这样的高要求，他们才有了强大的内在动力，向着成功的方向努力。

曾有一名伟大的推销员这样回忆他成功的历程。他说他开始做推销之前就读了很多关于自我启发的书籍，这方面的书籍堆满了他的书架。这些书中给他影响最大的是拿破仑·希尔的《成功哲学》。

他是21岁时读到这本书的，至今还有一段铭记在他的心中："如果你想成功，必须明确自己的追求，并且要明确付出多少代价才能把它搞到手。为此，你要具体地设定目标，详细、周密地作出达到目标的行动计划，尽最大努力去做，每天大声唱读，在没有实现目标之前就以目标的最高标准来要求自己。"当时，他的内心被"实现目标之前就像实现后那样的高要求来认真对待"以及"所有的成功都取决于人的精神状态"这种观点强烈吸引，但并不真正理解它的含义。可是不久，在他按照这种观点去做以后，便开始理解了其中的深刻内涵。

第四章　把工作做到位

拿破仑·希尔讲的所谓"实现目标之前就以目标的最高标准来要求自己",就是"将自己成功时的形象,放到愿望世界里"。这样放进愿望世界里的形象就成为人的动力,人将会有强烈欲望去积极采取有助于自己取得成功的行动。所谓成功始于内心,指的就是这样的过程。

韩国现代公司的人力资源部经理在谈到对员工的要求时是这样认为的:"我们认为对员工的最好的要求是,他们能够自己在内心中为自己树立一个标准,而这个标准应该符合他们所能够做到的最好的状态,并引领他们达到完美的状态。"在现时代的各种公司中,对员工的要求已经由原来的公司规定怎么做,员工只要老老实实地照做,变成了员工自我加压、自我完善。这样的转变要求员工心中必须对自己高要求,这样才能达到自我管理、自我发挥的状态。

对于员工来说,以最高的标准要求自己,在工作的时候,就意味着做到让客户百分百地满意,让客户感受到超值的服务,这就是卓越员工工作的唯一标准。这样的标准在实际工作中,一方面将造就优秀的员工;另一方面将造就成功的企业。

在各种行业中,零售业是最考验服务水平的行业。很多专家都研究过沃尔玛成功的原因。专家们分析得出了三个结论:

一是沃尔玛拥有全球性的信息网络，能够及时有效地反映全球的零售业变化；二是沃尔玛拥有整体高效的成本分摊系统；三是沃尔玛员工提供了优质而无可挑剔的服务。在沃尔玛的店面里，员工都以最高的工作标准警醒自己。员工的微笑服务、耐心、诚实早已经是最基本的准则。他们追求的是向心中的完美状态进发。拥有这样的员工的沃尔玛当然不可阻挡地成了零售业的巨头，甚至超过了很多实业公司，成为世界企业500强的第一名。而沃尔玛的员工也为自己是沃尔玛的一员而骄傲，因为这意味着优秀、完美与卓越。这便是员工用最高的标准要求自己给企业和自己带来的巨大效益。

其实，工作是成就事业的唯一途径，如果把工作看成是生活的代价，是一种无可奈何、无法避免的劳碌，那将是十分错误的！

一个对自己的工作没有任何标准的人，是不可能作出好成绩的。由于自己对工作没有用一个严格的标准来衡量，因此倍感工作艰辛、烦闷，自然他的工作也不会出色。

有些人认为公务员的工作更体面、更有地位，而不喜欢商业和服务业，不喜欢体力劳动。他们总是固执地认为自己在某些方面更有优势，有更广阔的前途，应该活得更加轻松，应该有一个更好的职位，工作时间也应更自由。这是一种错误和消极的从业心态。

还有不少人自命清高、眼高手低。他们动辄感到被老板盘剥、替别人卖命、打工，是别人赚钱的工具，因而在思想上产生了严重的抵触情绪，聪明才智没有用来如何做好上级交给的工作，而是整日抱怨，把大好光阴和大把精力白白地浪费掉了。

一些刚走出校园的大学生总是对自己抱有很高的期望，认为自己应该从事些重要的工作。但事实上，这些人刚刚步入社会，还缺乏工作经验，无法被委以重任。于是，他们开始抱怨起来："我被雇来不是做这种活儿的。""为什么让我做而不是别人？"对工作丧失了起码的责任心，长此以往，轻视工作、抱怨等恶习会将他们才华和创造性埋没，从而成为没有价值的员工。因此，在职场中，一个人即使很有才华，但如果对自己没有一个成功的标准，不尽心尽力，只是一味地应付工作，那么他也是难以取得成功的。

高标准要求

降低标准，只能是自己骗自己。真正的成功之门是不能降低的。要想找到真正成功的感觉，还是去打开那扇没有降低高度的大门吧！有了获胜的念头，才有可能获胜，一个没有胜利欲望的人，又怎么能在困境中都充满勇气和信心，促使你敢于竞争，并通过实际的努力来获得最终的胜利。为此，西点强调：做到100分并没有做到你的全部。因为标准是没有极限与止境的。只有不断超越的人才可能不断成功。

一直以来，很多人把成功简化为"赢"，但"成功"并不是那么简单，它是个相当奥妙的课题。比尔·盖茨认为，衡量成功的方式有很多，其中最简单的一种方式是看他给周围的人提供了多少帮助。他说，社会上看待成功有传统的标准，就是看一个人是否有新的创造，是因为这样的创造，给人们的生活

第四章 把工作做到位

带来方便。

高夫是著名的职业演说家。他指出，成功的意义并不总在一个"赢"字。高夫讲述了一个关于一个智能不足的年轻女孩曾将成功的真谛表达得淋漓尽致的故事。

在一个大城市的精神病患者举行的运动会选拔赛中，参赛者如同正常人一样，竞争得非常激烈。在中距离赛跑项目中，有两个女孩竞争得格外厉害。最后决赛时，这两个女孩更是备足了力量较劲。

最后有4名选手进入决赛，要决定谁获得该城的冠军。比赛开始，女孩子们在跑道上前进。这两名实力最强的选手很快便将另外两人抛在后面。

在剩下最后100米的时候，两名跑者几乎是比肩齐步，都极力要跑赢对方。就在这个时候，稍微落后的那个女孩脚步不稳，绊倒了。按照一般的情况来说，这等于宣布了谁是赢家。

但这一回可不是这样。

领先的跑者停下来，折回去扶起她的敌手，为她拂去膝盖和衣服上的泥土。此时，另外两个女孩子已冲过终点线。

赢得比赛是当天竞赛的目标，但谁才是这次比赛中真正的赢家，应该是毋庸置疑的。那个小女孩已将她最重要的能力发挥到极致——她的爱的能力；而爱的能力使她比一般人赢得更多。

如果生性喜好竞争，你一定忍不住要想，有朝一日你也能得到同那女孩一样的成功。但你必须得先了解，爱的喜悦远胜过胜利的滋味。若你能两者兼顾，那么你是个超人。

人生中有许多时刻，你表面上输了，但其实你是真正的赢家。

也许你将大部分的精力投注于世俗的目标上，也许现在你事业生涯快到终点，但是你也要增加你内心里爱的能力。你下一个20年的目标是默默地给予别人帮助，学习得到内心的平静，以感恩和谦逊去迎接命运所注定的事情，并以勇气接受并不那么美好的事。

为了达到那个目标，你得向各种想法开放。如果你对人生的见解是十分狭窄的，为了把某件事情办对，就得照你的方式去做。

但当你面对满天的繁星，你就会明白，原来世上的事你还有那么多不明白。我们只是这个世界微乎其微的一部分，只是生命长河里渺小的一滴水。所以，我们在每走出一步的时候，不要以结果论成败，最重要的是过程，是你在旅途中所能采撷的任何一朵小花。珍惜生活中所有的细小吧，或许每一种细微都代表一种成功。

一名员工在工作中的状况可以用"逆水行舟"来形容。任何人，只要他停止了努力，那么他也就停止了进步。在这个竞争激烈的时代，停止进步就意味着退步，他永远不可能达到成功与优秀那一天。因为在他接近成功的时候，他又开始后退。

那么，如何才能够克服这一点，以达到完美的境界呢？答案就是没有止境的努力和不断超越——因为标准没有止境。

成功的标准并非像大多数人想象的那么狭窄，关键在于清楚究竟想要得到的是什么，而不是按照社会的标准来界定成功的定义。如果你只有单一的成功标准，则很可能为了达到这个目的而放弃甚至丧失一些做人的原则和乐趣，变成既没有亲人也没有朋友的最"成功"的商人。马克思说过："一个人通过自己的行动和努力，感受到自己的力量，看到了自己的内心，就会获得美的愉悦。"这句话完全可以是我们探讨广义成功标准的总纲，因为它的核心是说一个应该听从自己的本心去生活，去定义属于自己的成功的标准。

"成功"是一种向上、不停歇的精神。它从一个瞬间过渡到另一个瞬间，从一种状态过渡到另一种状态，从一种"完成"转向另一种"完成"。很多人在被问及自己对成功的定义时，都不能给出一个确定的答案，而只能以调侃的口气作答。曾有个观念，叫"成功不是和别人比，而是和自己比，每天要长高，每天要有进步"。可是人不可能节节升高不舍昼夜，我们不能拔苗助长；我们有属于自己的土壤，所以不必千里流徙寻找"移植空间"；我们有适合自己生长的季节，20岁做20岁的梦，25岁赚25岁的钱，30岁享受30岁的平和，所以舍不得未老先衰或老而劳作……

在西点军人看来，完美的标准就在于一种不断努力的过程。事实上，很多人都不能够很好地理解标准没有止境这句话。他们在工作中都认为，只要做到了工作的全部要求，做到了工作的100分，也就是达到了完美的状态。完美其实不是一种最终的结果，而是一种过程。在这种过程中，向完美进发的人对自我永远都处于不满足的状态中，他知道自己对于工作或者人生都是不完美的，即使自己在努力地按照要求来工作，但是这对完美来说，还是不够。因为完美对应的是一种更高层次的人生境界。在这样的人生境界中，每个人都必须不断地努力，才有可能获得进一步发展的机会。而那种自满骄傲，或者说认为仅仅按照要求做到了100分就认为成功的想法，在这样的精神境界中是没有地位的。拥有这样的精神境界的员工不会有自满

第四章 把工作做到位

与虚荣，只有不断地向更高层次冲击，使自己在这样一步步地努力中获得对自我的不断超越，做出对团队的巨大贡献。卓越员工的心态始终是：始终不断地努力工作，以超越最好的工作业绩为目标；终身不断地学习，以获得新的经验，体验新的人生境界。

没有勤奋努力便不可能有完美，世界上无数的成功与辉煌的业绩都是在勤奋中获得的。

著名的公众意见调查专家盖洛普与记者普罗克特完成了一个有关成功主题的广泛调查。他们用了极长的时间与列入"美国名人录"的名人面谈，这些名人成功的领域是各种各样的，几乎包括了商业、科学、艺术、文学、教育、宗教、军事等所有领域。最后，他们把面谈结果编成了一本叫《美国伟大的成功故事》的主题丛书。面谈的内容包括不同的问题，比如家庭背景、教育、性格、兴趣、能力、宗教信仰、个人价值等。而研究者的目标是要发掘这些高成就者的共同点。他们的回答都不尽相同，然而却又有一个共同点，就是长时间不断地辛勤工作。所有接受采访者都同意，成功并不是因为好运气、特殊才能带来的，而是因为他们通过极大的努力与坚定的决心取得的。他们没有去找寻捷径，也没有逃避辛勤的工作，而是喜欢辛勤工作，把它视为成功过程中不可缺少的一部分。他们一致认为真正的成功者是那些最配得到成功的人，每一个成功者都必须付出劳动的代价。只有没有止境地不断工作，才能获得成功！

汤姆逊是一家咨询公司的员工。他受过很好的教育，才华横溢。但是他在这家公司工作很长时间了，却久久得不到提升。原来，他工作十分散漫、马虎，从未认认真真地把一件工作完整地做好过。他整日都在消磨时间，把精力都用来思考怎样逃过一项一项艰难的工作和应付上司的监督上。在工作时间，他虽端坐在自己的位子上，但他的心却不在此，他在想着头天晚上的球赛或晚上下班后到哪里去玩。一旦工作推不过、不得不做时，他也是应付了事，根本不会考虑这样做会有什么影响，或给公司造成怎样的损失。正是因为他不把公司放在心里，没有时刻想着公司，公司也把他"遗忘"了。所以，他直到现在还在做着平凡普通的工作，把自己的一生都耽误了。

所以，不管从事什么工作，有所投入，才能有所收获。只要你还在一个工作岗位上，就应该安下心来，认真负责地完成这项工作。如果你具有职业责任感，对自己的工作高度重视，你就会成为老板最信赖的人，将会被委以重任。否则，你只能收获平庸。

我们的成功标准，不是看定时空里的一个标靶，瞄准、射击！生命的旅途上，我们在变化，标靶自然也要随之变化。曾经崇拜景仰的，有一天忽然会觉得也不过如此。曾经熟视无睹的，有一天你可能会发现是上天恩赐的最美妙的礼物。成功并不代表你就可以高坐在一个静止的点上夸夸其谈，我们所说的"成功"是一种向上的精神气质。它由一个又一个微不足道的细节串联而成，是绵延的状态而不是被量化的一个点。它又像一场马拉松循环赛，今天别人胜过我，明天我胜过别人，别人这个方面胜过我，我那个方面胜过别人，你追我赶，此消彼长，彼此制约与守衡。光阴的竞技场上，竞赛者难分伯仲，但只要奔跑着、跳跃着，便是"成功"。

"成功"是生活本身，"成功标准"是终有一天，不再有人指着某个标杆对未来的青年人说："这就是成功，你一定要这样才算成功。"因为我们不想为了"标准"而成功。尽管每个人所具有天赋、所受的教育各不相同，但只要拥有自己的理想，在社会中找到属于自己的位置，就能够成功。

追求完美

积累平凡，追求卓越，这不仅是一种成功的习惯，更是一种重要的工作态度，是我们提高工作效能的一个重要保证。很难想象一个满足于现状、不思进取的人能够成为一个杰出的员工。

超越平庸、追求完美，在工作中的最突出表现就是永远不知满足。因为永远不知满足，所以在工作中才能够始终坚持积极进取、努力奋斗的精神，所以他们能够不断超越自我、完善自我，创造更大的成就。

"这个信念能够如变魔术一般引起人们对尽善尽美的狂热追求，当然，一个求全责备的完美主义者，几乎不可能成为一个让人感到舒服的人；一个要求人们达到完美的环境，也不会是一个舒适安逸的'乐居'。但是，追求完美的工作表现，一直是我们不断发展进步的一种驱动力。"小托马斯·沃斯如是说。

第四章　把工作做到位

美孚石油总裁洛克菲勒的合作伙伴克拉克说："他有条不紊和细心认真到极点。如果有一分该归我们，他会争取；如果少给客户一分钱，他也要给客户送去。"

马克曾是美国阿穆尔肥料厂的速记员，尽管他的上司和同事都养成了偷懒的恶习，但马克始终保持认真做事、高度负责的良好习惯，他重视每一项工作，从来不玩忽职守。

一天，总裁阿穆尔让马克的上司编一本密码电报书，上司把这个任务交给了马克。马克经过一番思考，别出心裁地编成一本小巧的书，并耐心地装订好。阿穆尔先生知道马克上司的做事习惯，自然知道不会是他做的，在受到电报密码本之后，阿穆尔看了看说道："这大概不是你做的吧？"

"呃，不……是……"马克的上司战栗地回答，阿穆尔先生沉默了许多。

过了几天以后，马克代替了上司的职位。

或许大家都有过类似的经历，只是觉得很正常而忽略过去了。殊不知，看起来微不足道的一件小事，却体现着深刻的道理。试想，如果马克没有将这些平凡的小事做到完美的习惯，他能表现得如此尽职尽责吗？

在现实生活中，把工作做到最好，既有助于我们摆脱平庸、实现完美，同时也有助于整个企业的迅速发展，企业也需要不断追求完美的卓越员工。

很多老板对那些自我满足的人都是很反感的，一家英国大报社老板，有一天和一个助理编辑谈话，"你到这里来有多久了？"

"将近三个月了。"那个助理答道。

"你觉得怎么样？你喜欢你的工作吗？对我们的办事程序熟悉了吗？"

"我很喜欢我现在的工作。"

"你现在的薪水是多少？"

"一星期5英镑。"

"你对现在的状况满意吗？"

"很满意，谢谢您。"

"啊，但是你要知道，我可不希望我的职员一星期拿了5英镑，就觉得很满足了。"

老板后来发现那个助理满足现状，不思进取，工作也做得不好，就把他开除了。

第四章　把工作做到位

世界上真不知道有多少人一辈子都一事无成，原因就是因为他们太容易满足了！找到了一份稳定的工作，终其一生总是拿那么一点点薪水，每天总是做着同样的事情，一直到死。而他们竟以为人的一生所能获得的东西也就只能有这么多了。

大人物不喜欢听别人的奉承，他们只是以批判的态度来审视自己，把他们现在的地位和他所期待的状况来进行比较，并因此激励自己不断努力。

"现在的自己永远是有待完成的"，格斯特的这句话说的便是这个意思。格斯特经常在报纸上发表诗作，是深受全世界读者喜爱的一个诗人。他之所以会成功，很大一部分原因就是他能常常向上望着他理想中的自我，而不满足于现实中的自我。

他还说："在去年暑假里，我便是如此，我发觉我所希望的那个自我比现在的自我要聪明一些。在我那个远离城市喧嚣的乡间茅舍里，我列出了一个表，一方面写出我所要的东西；另一方面写出我所不要的东西……这个表使我的人生变得更丰富、更快乐。"

要求自己上进的第一步，是要让自己不满足于停留在现有的位置上。不满于现状的感觉可以帮助你迈出关键的第一步。

如果取得一点儿成就就感到十分满足，那你自身的能力很快就会受到束缚，而你的事业也将不再前进。永远不知满足的卓越员工清醒而深刻地认识到了这一点，所以他们积极寻求完善自我、提升自我的方法，并且为了促进自身进步，不断作出努力。最终他们成功地超越了平庸，完善了自我，成为激烈竞争中的优秀生。

太容易满足就会不思进取，企业的发展和进步需要更多积极进取的员工来实现，更多的成就和业绩需要那些不断超越自我的员工来创造。永远不知满足才能越超平庸，才能最终实现完美。

第四章　把工作做到位

高调做事

在工作上，做人要低调，做事则要高调。这里的高调指的是高标准，即以高标准要求自己的工作。

可口可乐的员工唐纳德做了不到两年就已经取得了很大成绩，职位也从普通员工上升为一个业务团队的负责人，这些成绩让他有些飘飘然起来。他觉得自己已经够优秀了，不需要再付出多少努力就能够稳步迈向高薪高职。就在他沾沾自喜时，公司突然进行了人员调整，他的职位受到了几位后起之秀的挑战，这些新员工个个业绩不凡，雄心勃勃。如果唐纳德再不做出些业绩的话，马上就会被人替代。想到这，唐纳德对自己之前扬扬自得的心态变得非常懊恼，他马上开始为自己制订了一份高标准的业绩规划方案，然后全力以赴地投入到工作中。两个月后,他和团队的业绩明显大增,而且在他的影响下,其他的团队也一个个奋斗直追。9个月后,他们为公司赚取了5300万美元的利润。而唐纳德则在年底当上了公司的销售经理。

如今,唐纳德已拥有了自己的公司。他每次培训员工时,一定要说:"无论你们在什么位置,都不要满足,你的位置越高,对自己的要求就要越高,这样你才能永葆竞争力,才能走得更远。"

不断追求高标准,就是没有最好,只有更好。在工作中,如果你完成的每一项工作都达到了老板的要求,你可以称得上是一名称职的员工,但你很难给老板留下深刻的印象。只有把工作做到近乎完美,超过老板对你的期望,你才能让他的眼前一亮,才能让他在遇到一些高难度工作的时候想起你,给你一个锻炼的机会。

一位企业家在对新员工培训时说:"当你和一批新员工一同跨入公司时,老板对每个人的期望都是一样,这时有些人达不到老板的要求,大部分人能够达到老板的要求,只有极少数人能超过老板的要求。"那些不能达到要求的人将很快被淘汰,大部分人将继续自己平淡的工作,而那极少数人会被单独叫进老板的办公室，老板会在正常工作之外给他们分配一些挑战性的工作，随着老板对他们的期望越来越高，给他们的机会也会越来越多，他们也能在这种环境中迅速成长。

市场是无情的，只有最优秀的企业才能够在市场上生存下来。老板要让企业优秀起来，就必须挑选最优秀的员工，那些不能用高标准要求自己的员工，都有被淘汰的可能。尤其是那些新近获得晋升的员工，更要严格要求自己，用新的标准来督促自己不断努力，如果你在高位置却保持低标准，不仅自己不能成功，你的下属和团队也会因此而丧失竞争力。要成为最优秀的职员，要想迈向成功，就必须养成事事不断追求高标准的习惯。

有什么样的目标，就有什么样的人生色彩；有什么样的追求，就能达到什么样的人生高度。在公司里，员工能够不断地超越自我，超越平庸，主动进取，主动向高标准挑战，才能取得职场上的成功，才会拥有精彩卓越的人生。

差之毫厘，谬以千里

在职场中，很多员工认为自己的工作太简单了，根本不值得全心投入，更不必花费太多精力，只要稍加敷衍就能做个八九不离十，只要上司看不出缺陷就算完成任务。

一位公司总裁说，中国员工最大的毛病就是做事虎头蛇尾，不认真，敷衍工作。每年，企业都不得不为弥补这些疏漏花费上百万资金。

敷衍工作的态度表面看来对个人没有什么影响，工资照样拿，混一天算一天。殊不知，这种做事方式不但会造成企业整体工作效率的下降，对个人的成长也极其不利。更有甚者，可能会把自己的前途搭进去，因为这种敷衍态度和"差不多"的思想很容易导致最后相去甚远的结果。

一位知青在回忆他的插队生活时谈到了这样一件事：

第四章　把工作做到位

一个冬夜，在他插队的那个村，突然发生大火，大火映红了天，先是马棚被烧，然后又殃及附近的大队部，空气里充满煳味，还有房屋倒塌的声音。经过村民与知青的全力扑救，大火熄灭了，但村里的7匹成年马全部烧死，11间房屋也被烧塌，而看管马棚的知青全身Ⅲ度烧伤。

发生火灾的原因，是因为这位看管马棚的知青的疏忽，工作没有做到位。在调查这次大火的原因时人们发现，那晚他至少在7件事情上都没做到位。

第一件事：那晚他并没有在马棚边上的值班室睡觉，而是睡在不远处的大队部，一边看着马棚，一边替大队部的人值班。马棚被他上了锁，钥匙本该放在马棚的石头下，以便其他看马人进出，他却把钥匙带在身上，以致火起时，人们找不到钥匙，他自己也忘了钥匙在身上，导致7匹马全被大火烧死。

第二件事：马棚里本来有电灯，不知道什么时候，他却弄了一盏老式马灯挂在马棚里，里边的煤油便成为那天夜里惹祸的元凶。

第三件事：白天，他把两捆干草放在马棚里，夜里本该挪出去，使马棚里干净，可他没想到晚上会有风，更没想到马灯会被大风吹落，落在这两捆干草上。

第四件事：他入睡前，听到窗外起了风，可他疏忽了，没有摘下马灯。他确实看到马灯在风中晃动，也觉得大风可能会把双层灯吹落了下来，可他还是扭头进了屋子。

第五件事：在队部值班，马棚里要有动静，人同样能够听到，可那天晚上他喝了点儿酒——值班是不允许喝酒的，结果他睡得太死，马棚里的动静他没有听到。

第六件事：马棚边上有两口大缸，本来水是满的，就是为了用于灭火。可时间了长了，有人用缸里的水干了别的事，他忘了及时向缸里补水。

第7件事：那天夜里他爬起来的时候，大火已经烧起来，他应该马上去敲钟，叫醒村里人一起救火。他忽略了，自己去救火，不但被烧伤，还延误了时间……

这七件事中，每件事他都觉得差一点儿就做好了，但毕竟是"差一点儿"，并没有做到位，这许多差一点儿累积下来，结果就是差很多。这就是差之毫厘，谬以千里。海尔集团总裁

第四章　把工作做到位

张瑞敏曾说过：如果训练一个日本人，让他每天擦6遍桌子，他一定会这样做；而一个中国人开始也会擦六遍，慢慢觉得5遍、4遍也可以，最后索性不擦了。这样每天工作欠缺一点儿，天长日久就成为落后的顽症了。工作中许多严重的问题其实都是平时没有做到位的小问题叠加起来造成的。

要避免这些不好的结果产生，就必须摒除敷衍的态度，切实把工作做到职责本身所要求的标准，把工作做到"零缺陷"。

把工作做到"零缺陷"

把工作做到"零缺陷"就是要把工作做到位,这是每一个员工必须做到的事情。在工作中,每个人都有自己的职责,每个人都必须不打折扣地履行职责,这样才不影响其他人的工作,才不会对大局产生不利的影响。

在数学上100减1等于99,而在日常生活和工作中,在企业经营中,100减1却可能等于0。

100次决策,有一次失败,可能让企业关门;100件产品,有1件不合格,可能失去整个市场;100个员工,有1个背叛公司,可能让公司蒙受无法承受的损失;100次经济预测,有一次失误,可能让企业破产……

同时,消费者消费意识的提高,对产品质量要求的提升也让产品"零缺陷"势在必行。一位企业经营者说过:"如今的

第四章 把工作做到位

消费者是拿着'显微镜'来审视每一件产品和提供产品的企业的。在残酷的市场竞争中，能够获得较宽松生存空间的企业，不是'合格'的企业，也不是'优秀'的企业，而是'非常优秀'的企业。"

在我国的企业中，海尔的"零缺陷"标准也为其他众多企业树立了典范。

20世纪80年代海尔把76台质量不合格的冰箱砸碎，在当时，这些产品价值非常高，一台冰箱售价800余元，而职工每月的工资才40余元，76台冰箱相当于全厂员工3个月的工资。

张瑞敏在召开的全厂人员的现场会上，当场确认了每台冰箱的生产人员之后，张瑞敏提起一把大锤，砸下第一锤，然后是总公司的人砸第二锤，随后由责任者亲自抡锤将76台冰箱全部砸碎。亲眼看见砸冰箱的场景，不少员工不禁潸然泪下。

那时海尔还在负债，当时冰箱也很昂贵，并且这些冰箱也没有多少缺陷，有的只是在外观上有一道划痕。张瑞敏的这一举动在当时令很多人难以理解。但是，正是这一锤砸碎了过去的陈旧意识，让全厂员工明白了：没有严格的立厂之道，就没有海尔的前途。

为了保证"零缺陷"，避免员工出现敷衍与拖延的问题，张瑞敏制定了"日事日清，日清日高"的管理办法，当天的工作必须当天做好，当天的问题必须当天解决。

"零缺陷"很快成了海尔全体员工的信念，而"日事日清，日清日高"的办法使得海尔的每一个员工都能够对自己的工作严格控制，把每一天的工作都做好。员工们一改往日马马虎虎、将就凑合的态度，每一个人在每一个生产细节上都精心操作。正是因为秉持着让工作"零缺陷"的理念，让海尔企业赢得了良好的口碑，赢得了消费者的忠诚。

一位管理专家一针见血地指出，从手中溜走1%的不合格，到用户手中就是100%的不合格。企业要赢得利润，就需要员工自觉改正工作不认真的态度，为自己的工作树立严格的标准。要自觉地由被动管理到主动工作，让规章制度成为自己的自觉行为，让工作"零缺陷"，为企业创造更大的利润，为自己创造一个更有发展潜力的生存空间。

张瑞敏和当时任总工程师的杨绵绵承担了责任，扣罚了自己当月的工资。这一砸，砸出了工人的质量意识。海尔后来的"零缺陷"观念正是从这里开始树立起来的。

第五章

执行到位

第五章　执行到位

执行力

我们发现，许多的失误不是因为没说，而是因为没有执行，或者在执行过程中变样了。比如，对于服装终端的导购人员，其执行能力主要表现为导购员能够将企业的产品、企业精神、规章制度、促销活动不折不扣地贯彻到市场终端，最终促成销售的能力。需要导购人员做好卖场的陈列、现场商品展示、日常的一些工作要求、客户关系建立等，最终目的都是围绕提升销售。导购员的工作不是顾客交了款就结束了，应该注意到销售的每一个环节，并且把这些环节工作做到位。这就需要导购员具有良好的执行力，不折不扣地将这些销售环节跟进到位，所谓营销无小事的说法就体现在这里。

什么是执行力呢？执行力可以理解为：有效利用资源，保质保量达成目标的能力。执行力指的是贯彻战略意图，完成预定目标的操作能力,是把企业战略、规划转化成为效益、成果的关键。执行力包含完成任务的意愿,完成任务的能力,完成任务的程度。对个人而言,执行力就是办事能力;对团队而言,执行力就是战斗力;对企业而言,执行力就是经营能力。而衡量执行力的标准,对个人而言,是按时按质按量完成自己的工作任务;对企业而言,就是在预定的时间内完成企业的战略目标,其表象在于完成任务的及时性和质量,但其核心在于企业战略的定位与布局,是企业经营的核心内容。

在管理领域,"执行"对应的英文是"Execute",其意义主要有两种,其一,与"规划"相对应,指的是对规划的实施,其前提是已经有了规划;其二,指的是完成某种困难的事情或变革,它不以已有的规划为前提。学术界和实业界对"执行"的理解基本上也是如此,其差异在于侧重点和角度有所不同。

执行力分为个人执行力和团队执行力。

个人执行力是指每一单个的人把上级的命令和想法变成行动,把行动变成结果,从而保质保量完成任务的能力。个人执行力是指一个人获取结果的行动能力;总裁的个人执行力主要表现在战略决策能力;高层管理人员的个人执行力主要表现在组织管控能力;中层管理人员的个人执行力主要表现在工作指

第五章　执行到位

标的实现能力。

　　团队执行力是指一个团队把战略决策持续转化成结果的满意度、精确度、速度，它是一项系统工程，表现出来的就是整个团队的战斗力、竞争力和凝聚力。个人执行力取决于其本人是否有良好的工作方式与习惯，是否熟练掌握管人与管事的相关管理工具，是否有正确的工作思路与方法，是否具有执行力的管理风格与性格特质等。团队执行力就是将战略与决策转化为实施结果的能力。许多成功的企业家也对此作出过自己的定义。通用公司前任总裁韦尔奇先生认为，所谓团队执行力就是"企业奖惩制度的严格实施"。而中国著名企业家柳传志先生认为，团队执行力就是"用合适的人，干合适的事"。综上所述，团队执行力就是"当上级下达指令或要求后，迅速作出反应，将其贯彻或者执行下去的能力"。

　　能动执行力是指主动积极、想方设法地实现组织目标的能力。这里面有两个关键词：一个是主动积极；另一个是想方设法，这两个词就是"能动"的具体表现。能动的主要含义就在于主动积极、自觉自愿，而非被动和强迫；想方设法，而非等待观望。能动执行力的基本构成就是：第一，源于内心的自觉自愿；第二，具有主动性和创造性；第三，高效率；第四，真正实现目标。这四个要素是相互联系、相互作用、相互制约的,从而形成了能动执行力的有机整体。自觉自愿是基础,实现目标是结果,主动性与创造性、高效率是途径。没有自觉自愿,就不可能主动地、创造性地、高效率地去完成任务,实现组织的目标;而仅凭自觉自愿也是无法保质保量完成任务,实现目标的,还必须要有主动性与创造性,要有高效率。

第五章　执行到位

有执行，才有竞争力

执行力是将资源转化为推动企业成长的力量。在能力与执行之上，企业能够获得全新的竞争优势，并把它持久地保持下去。

执行力既反映了组织（包括政府、企业、事业单位、协会等）的整体素质，也反映出管理者的角色定位。管理者的角色不仅仅是制定策略和下达命令，更重要的是必须具备执行力。执行力的关键在于通过制度、体系、企业文化等规范及引导员工的行为。管理者如何培养部属的执行力，是企业总体执行力提升的关键。如果员工每天能多花十分钟替企业想想如何改善工作流程，如何将工作做得更好，管理者的策略自然能够彻底地执行。

你是否想过：为什么满街的咖啡店，唯有星巴克一枝独秀？为什么同是做个人电脑，唯有苹果独占鳌头？为什么都是做超市，唯有沃尔玛雄居零售业榜首？应该说，各家便利商店和咖啡店的战略都是大致雷同的，然而绩效却是大不相同，道理何在？关键就在于是否具有非常强的执行力。

全世界做网络设备最大的思科公司，拥有行业垄断技术，然而其总裁在谈到公司成功的主要原因时，竟然认为成功不在于技术，而在于执行力。由此可见，"执行力"在世界级大公司里被看得有多重。甚至可以这么说，凡是发展快且好的世界级企业，都是执行力强的企业。比尔·盖茨就曾坦言："微软在未来10年内，所面临的挑战就是执行力。"创意、战略及经营方式的重要性不可否认，而没有执行，这一切也只能是空谈。执行力的强弱，又直接反映出这些创意和战略是否发挥出其应有的作用。只有自觉执行，才是有效执行，才是真正执行。

比如，对工作高度负责，就是一流的执行力的表现。具有强烈责任感的人，会坚决完成公司交代的任务，而缺乏责任感的人，就会中断执行，拖延任务。具有对工作高度负责的精神，在任何时候都会不折不扣地完成自己的任务，这样的员工是任何公司都期望得到的。

有三个人到一家建筑公司应聘，经过一轮又一轮的考试后他们从众多的求职者中脱颖而出。公司的人力资源部经理接

第五章　执行到位

见了他们。他说:"恭喜你们,请你们跟我到一个地方。"然后,他将他们带到了工地。工地上乱七八糟地摆放着三堆散落的红砖。人力资源部经理指着这些砖头说:"你们每人负责一堆,将红砖整齐地码成一个方垛。"然后他在三个人疑惑的目光中离开了工地。甲对乙说:"我们不是已经被录用了吗?为什么将我们带到这里?"乙对丙说:"我又不是来做工人的,经理是什么意思啊?"丙说:"不要问为什么了,既然让我们做,我们就做吧。"然后带头干起来。甲和乙看到丙已经开始干起来,只好硬着头皮跟着干起来。还没完成一半,甲和乙就坚持不住了。甲说:"经理已经离开了,我们歇会儿吧。"乙跟着停下来,丙却丝毫不为所动,仍然保持着同样的节奏。

　　人力资源部经理回来时,丙只剩下十几块砖没有码齐,甲和乙却只完成了1/3的工作量。经理对他们说:"下班时间到了,下午再接着干。"甲和乙如释重负地扔掉了手中的砖,丙却坚持将最后的十几块砖码齐。

　　回到公司后,人力资源部经理郑重地宣布:"这次公司只聘用一位设计师,获得这一职位的是丙。甲和乙为什么落聘,你们想想在工地上的表现就知道答案了。你们不知道吧，我一直在远处看着你们呢。"

对工作高度负责，表现出来的就是一流的执行力。公司对考核的任务是事先计划好的，每堆砖的数量，如果不停地码放，到下班时间恰好剩十几块砖。这时表现出来的正是责任感对执行的影响，具有强烈责任感的人，会加一把劲儿将任务完成，而缺乏责任感觉的人，会中断执行，将任务拖延下去。

现在市场竞争日趋激烈，每一项工作都需要员工不折不扣地完成，这就需要你不计时间和地点，不因任何困难而退缩地执行下去。一个对工作高度负责的员工，不需要老板或上司叮嘱或监视，他们会主动加班，抢在竞争对手前面完成任务。即使是在上下班的路上，或是在家里休息时，他们时刻都在思考一份完美的工作计划，这才是老板和上司最需要的人。

所以，不计时间地对工作负责，才是真正的负责。一个对工作高度负责的人，可以完美地完成任何任务。

第五章　执行到位

执行要到位

我们可以看到，优秀的企业，其内部都有一种强烈的"执行文化"，行之有效的价值观、信念以及行为规范，注重承诺、责任心。强调结果导向，领导者重视策略的制定，更重视策略的执行。任何人都应当充满激情地参与到自己的企业建设当中去，对企业中的所有人坦诚相待。

从某种程度上说，企业执行力文化比任何管理措施或经营哲学都管用。如果员工每天能多花10分钟替企业着想，如何将工作做得更好，那么，管理者的策略岂有贯彻不下去的道理，企业又岂有不能长寿的道理！

当然，我们不可否认许多组织的成功离不开其战略的创新或经营模式的新颖，但如果其执行力不强，也一定会被模仿者追上，因为它们和竞争者的差距就在于执行力的强弱。

国内曾有一家企业因为经营不善导致破产，后来被日本一家财团收购。刚开始公司所有的人都在翘首盼望日方能带来什么先进的管理办法。然而出乎意料的是，日方只派了几个人来。制度没变，人没变，机器设备没变。日方就提了一个要求：把先前制定的制度坚定不移地执行下去。结果不到一年，企业就扭亏为盈了。

日本人的绝招是什么？仍然是执行力。可见战略与计划固然重要，但只有执行力才能使战略与计划体现出实质的价值，只有执行力才能将战略与计划落到实处，并进行有效的整合。而如果失去执行力，组织也就失去了长久生存和成功的必要条件。

平安保险公司董事长马明哲在谈起对执行力的体会时说："核心竞争力就是所谓的执行力，没有执行力，就没有核心竞争力。"关于核心竞争力，他认为要注意两个问题：第一，什么是核心竞争力；第二，你的核心竞争力靠什么来保障？答案都是执行力。

马明哲还提到了这样一种"怪圈"现象：企业的高层怪中层，中层怪员工，员工怪中层，中层又反过来怪高层，形成一个圈，却没有一个人真正地负责，保质保量地做好自己的工作。

第五章　执行到位

所以，在组织里，无论是高层、中层，还是基层，如果每一个人都能保质保量地完成自己的任务，就不会出现执行力不强的问题；如果组织成员能像迈克尔·戴尔讲的，在每一个环节和每一个阶段都做到一丝不苟，就不会有这么多的推诿扯皮现象。

其实马明哲提到的企业"怪圈"现象，就是没有一个员工在检讨自己是否保质保量地完成了工作任务。因此，执行力不强不应仅是基层员工的问题，而是每一层级的问题。我们不要再相互埋怨执行力弱，而应该首先问问自己："我是否保质保量地完成了自己的任务？在我这个环节和阶段，我是否做到了一丝不苟？"

由著名作家阿尔伯特·哈伯德所著的畅销书《致加西亚的信》首次发表于1899年，之所以很快就风靡全球，至今还能畅销不衰，是因为它倡导了一种理念：对上级的命令，自发执行，并以结果为导向，全心全意完成任务。

在《致加西亚的信》中，阿尔伯特·哈伯德这样写道："我钦佩的是那些不论老板是否在办公室都会努力工作的人，这种人永远不会被解雇，也永远不会为了加薪而罢工。如果只有老板在身边时或别人注意时才有好的表现，卖力工作，这样的员工永远无法达到成功的顶峰。"

现在市场竞争日趋激烈，一项任务在执行的过程中，可能时间会很紧迫，需要你能不计较时间和地点，坚定地执行下去。

试想，当一项任务需要加班时，你能对老板说"对不起，我已经下班了"吗？当老板安排你到社会上做一项调查，你就能心安理得地偷奸耍滑，甚至假公济私吗？而对工作高度负责的员工，是不需要老板安排或者上司叮嘱的，他们会自觉加班加点，抢在对手前面将计划完成，即使在上下班的路上，在家里休息时，都在考虑怎样尽善尽美地完成工作。

任何时候都对工作负责，才是真正的负责。一个人具备了这种高度负责的精神，就没有什么任务执行不下去，就没有什么工作不能尽善尽美地完成。一个公司形成了这种高度负责的企业文化，就没有什么战略执行不下去，就不可能实现不了好的绩效。

停止抱怨，去执行

抱怨本身是一种正常的心理情绪，当一个人自以为受到不公正的待遇，就会产生抱怨情绪，所以几乎每个公司都能听到这样的声音："为什么老板总是让我干这样无足轻重的事情？""他们一点儿也不关心我，这算什么团队？""为什么又让我跟小张负责一个项目？还不如我一个人做！""什么时候老板才会想到给我加薪？"

抱怨的人无非是宣泄心中的不快和不满，并期望得到一个满意的回答，来改变自己的现状。可实际上会怎样呢？虽然抱怨会减轻个人心中的不快和不满，但却不能使人朝着积极的方面发展，一个习惯将抱怨挂在嘴上的人，只会与成功渐行渐远，滑向失败的深渊。

实际上，有的人抱怨，确实是受到了不公正的待遇。对待这种情况，与其抱怨不休，不如通过合理的渠道解决。比如，开诚布公地向老板或上司提出意见和建议，让领导重新审视当时的工作和条件，从而改变对你的看法；也可以置之不理，化愤懑为力量，努力做好工作，用优异的业绩引起老板或上司对你的再次关注，领导自然会对你作出公正的评价。而大多数抱怨的人，问题却是出在自身上。比如，对自己的期望值过高，当现实与理想出现反差时，抱怨便自然产生了。这在那些初入职场的年轻人身上表现得最为突出。他们一腔热血，一身抱负，对自己充满自信，这是好事，但他们对职场现状认识不够。当今职场人才济济，那种凭仗一纸本科文凭就受企业礼遇的时代一去不复返了。况且，初入职场的人，企业一般都要放到基层锻炼。于是，难免产生"千里马难遇伯乐"的感慨，抱怨自己生不逢时。一时抱怨也是可以理解的，但是也应该及时转变态度，踏踏实实地工作。

更多的人抱怨却是因看问题片面引起的。他们只看到事情消极的方面，所以抱怨在所难免。有句话讲：一屋不扫，何以扫天下？也就是说，小事都做不好，怎么能做大事？其实，任何平凡的工作，都能显示出一个人的不平凡。当你把平凡的工作做出不平凡的业绩来，老板还能不重视你吗？况且，在做这些工作的过程中，你会积累经验，提升能力。当让你负责重要任务时，你才不会错失良机。

认真执行下去

　　真正的负责是不以个人功利为目的的。在执行一项任务之前，如果你首先想到的是自己的个人利益会得到怎样的回报，就很难保证你的执行不会扭曲和变形，就很难保证如期达到目标。因为一个人的私心杂念难免会影响到工作时的心态。只有摒弃了私心杂念，把整个身心投入到工作中去，才会发挥出全部的能力和智慧，才会尽善尽美地完成任务。其实，聪明的老板不会只看员工表面上的表现，更看重的是员工的业绩。虽然老板不在现场，只要你作出了对公司有益的事情，这些事情迟早会传到老板的耳朵里，老板就会了解并清楚你当时的表现。所以，不要担心老板看不见你的表现，还是想想怎样对工作负责吧。

　　具有自动自发工作心态的员工，有着对任务一流的执行力。他们会自觉加班加点，尽最大努力把工作任务完成。他们时刻都在考虑怎样尽善尽美地完成工作。他们不仅会圆满地完成任务，还会为老板考虑，自觉提供尽可能多的建议和信息。这类员工因此得到重用和提升，自然也就拥有比别人更多成功的机会。

布鲁诺和阿诺德两个年轻人同时受雇于一家商店，并且领同样的薪水。一段时间过后，阿诺德青云直上，受到老板的重用，布鲁诺却仍在原地踏步。布鲁诺对此很是不满，终于忍不住在老板那儿发了牢骚。

老板耐心地听他抱怨完，对他说："你现在到集市上去看一下有什么卖的。"一会儿工夫，布鲁诺从市场上回来了："只有一个农民拉了一车土豆在卖。""有多少？"老板问。布鲁诺又跑了一趟，回来告诉老板："一共40袋。""价格呢？"老板又问。"您没有让我打听这个。"布鲁诺委屈地申明。"好吧，那么你坐在那儿，看看别人是怎么做的。"于是老板把阿诺德叫来，吩咐他到集市上看一下有什么卖的。

阿诺德也很快从集市上回来了，他向老板汇报说："今天集市上只有一个农民在卖土豆，共40袋，价格是两角五分钱一斤。我看了一下，质量和价格都不错，给您带回来一个样品，另外我从这位农民那儿了解到西红柿的销量也很好，他车上还有一些不错的西红柿，要不您同他谈一下吧，他现在就在外面等着呢。"

这时，老板转向布鲁诺说："现在你知道究竟为什么阿诺德能很快加薪升职了吧？"

工作需要自动自发，每个公司也都努力把员工培养成对待工作主动而为的人。主动性强的员工不会墨守成规，像机器人一样吩咐他做什么就做什么，他们有独立思考的能力，能自觉发挥主动性，积极、有效地执行，并出色地完成任务。所以说，一个任务被自发、有效地执行时，就会及时甚至有可能提前完成，一个创新的战略或经营方式才不会被对手模仿或赶超。而一个公司一旦形成这种自发执行的企业文化，就没有什么战略执行不下去，就没有什么业绩不可能实现。

听命行事固然是员工的神圣职责，但主动进取更被企业所提倡。哪些该做，就应该立刻采取行动，不必等到别人交代。清楚了解公司的发展规划和你的工作职责，就能预知该做些什么，然后着手去做！

企业的生存发展完全依赖员工的努力程度，一个优秀的、有责任心的员工，都会主动去工作，尽最大的努力把工作做好。主动工作的员工具有一流的执行力，他们能够抓住工作的重点，把工作真正落到实处，甚至更为有效、仔细、注重细节地圆满完成某项工作或任务。

没有人不渴望成功，没有人愿意碌碌无为地过一生。作为员工，既然你选择了在这个企业工作，就要拿出自己的热情来，抛开任何借口，发挥你的主动性，全身心地投入到工作中去。当你主动工作，通过自身的努力或借助他人的力量并在不断解决一个个难题的过程中，你自身的价值就会不断地增加，这样领导对你的依赖就会增加，当机会出现时，晋升晋级非你莫属。而那些用鞭子抽着、用脚踢着才去工作的人，工作对他们来说就像是负担。这样的人必然不能得到领导的赏识和提升，甚至随时都可能处在失业的边缘。

主动要求承担更多的责任或自动承担责任是成功者必备的素质。大多数情况下，即使你没有被正式告知要对某事负责，你也应该努力做好它。如果你能出色地胜任某种工作，那么责任和报酬就一定会接踵而至。

主动打造一流执行力

我们知道，成功的机会总是在寻找那些能够主动做事的人，可是很多人根本就没有意识到这点，因为，他们早已习惯了等待。只有当你主动、真诚地提供真正有用的服务时，成功才会随之而来。每一个雇主也都在寻找能够主动做事的人，并以他们的表现来奖励他们。

卡耐基曾经说过："有两种人永远将一事无成，一种是除非别人要他去做，否则，绝不主动去做事的人；另一种则是即使别人要他去做，也做不好事的人。那些不需要别人催促就会主动去做应该做的事且不会半途而废的人必将成功。"

一名优秀员工，从来都不是被动地等待别人来告诉自己应该做什么，而是自己主动去了解应该做什么，还能做什么，怎样做到精益求精。

在企业里，有很多的事情也许没有人安排你去做。如果你主动地去行动起来，这不但锻炼了自己，同时也为自己积蓄了力量。其实，主动是为了给自己增加机会——增加锻炼自己的机会，增加实现自己价值的机会。

一个优秀的员工，即使老板在不在身边也会卖力工作，而这样的员工将注定会获得更多奖赏。在别人的眼皮底下才肯卖力工作的人，是很难能有更大成就的。

在别人要求下工作，永远是被动的、机械的，如果不能给自己设定一个严格的工作标准，那么工作对你来说就是漫无目的，你的职位也不可能上升到非凡的高度。

如果你对工作没有期望，干成什么样算什么样，那么你肯定干不出出色的成绩。如果你的期望始终高于老板的期望，那么你就是优秀的，如果你能一直达到自己设定的最高标准，那么你就是成功的。一个对工作有高标准的员工，他是主动地做事，而不是在老板的吩咐下被动地应付。在这种主动工作的习惯下，纵使面对缺乏挑战或毫无乐趣的工作，仍然能够积极主动地完成，最终获得回报。

作为员工，要想获得最高的成就，就要永远保持主动率先

第五章　执行到位

的精神，在工作中投入自己全部的热情和智慧。成功取决于态度，时刻牢记自己肩负的使命，知道自己工作的意义和责任，并永远保持一种主动的工作态度，为自己的行为负责，坚持不懈地努力，终将到达成功的彼岸。那些获取了成功的人，正是由于他们用行动证明了自己敢于承担责任而让人百倍信赖。

一个来自偏远地区的打工妹，由于没有什么特殊技能，就应征到一家餐馆做了一名服务员。在别人看来，服务员的工作再简单不过，只要招待好客人就可以了。

可这个小姑娘的表现却出人意料，她从一开始就表现出了极大的热情。一段时间后，她不但能熟悉常来的客人，掌握了他们的口味，而且只要客人光顾，她总是千方百计地使他们高兴而来，满意而归。她不但赢得了顾客的连连称赞，也为饭店增加了收益——她总是能让顾客多点一两道菜，并且在别的服务员只能照顾一桌客人的时候，她却能独自招待几桌的客人。

老板非常欣赏她的工作热情，也很满意她的工作业绩，于是准备提拔她作店内的主管，但她却婉言谢绝了老板的好意。原来，一位投资餐饮业的顾客看中了她的才干，准备与她合作，资金完全由对方投入，她负责管理和员工的培训，并且对方郑重承诺：她将获得25%的股份。现在，她已经成为一家大型餐饮企业的老板了。

有些员工，每当领导交代工作任务时，总要问该怎么办。他们总是被动地应付工作，虽然他们遵守纪律，循规蹈矩，做事却缺乏热情、创造性和主动性，只是机械地完成任务。这种做事方法长此以往就会使他们失去对工作有效执行的态度。

比尔·盖茨说过："一个好员工，应该是一个积极主动去做事，积极主动去提高自身技能的人。这样的人，不必依靠强制手段去激发他的主观能动性。"身为公司的一员，你不应该只是局限于完成领导交给自己的任务，而要站在公司的立场上，在领导没有交代的时候，积极寻找自己应该做的事情，主动地完成额外的任务，出色地为公司创造更多的财富，同时也扩大了自己发展的空间。

在我们的企业里，很多员工常常要等老板交代过做什么事，怎么做之后，才开始工作。殊不知，这种只是"听命行事"或"等待老板吩咐"去做事的人，已不再符合新经济时代"最优秀员工"的标准。时下，企业需要的、老板要找的是那种不必老板交代就积极主动做事的员工。

在任何时候都不要消极等待，企业不需要"守株待兔"之人。在竞争异常激烈的年代，被动就要挨打，主动才可以占据优势地位。所以要行动起来，随时随地把握机会，并展现超乎他人要求的工作表现，还要拥有"为了完成任务，必要时不惜打破常规"的智慧和判断力，这样才能赢得老板的信任，并在工作中创造出更为广阔的发展空间。

第六章

服从

第六章 服从

服从是一种美德

服从是一种美德，是一个军人必不可少的一种宝贵素质。西点军校里的每一个人，即使是立场最自由的旁观者，心里都抱着一个观念，那就是"不管叫你做什么，你都要照做不误"。西点军校讲的是绝对服从，没有任何讨价还价的余地，而这样的观念被视为服从观念。西点人认为，对于一个职业军人来说，他的人生的第一要义就是服从，若学不会服从观念，就不能在军队中立足。

"站好队！"一声令下，一群松散的人顿时排成整齐的队形——每个方阵是一个排，四个排组成一个连，四个连编成一个营，则两个营编为一个团。

"立正！"所有人立即目视前方。

列队是西点的必修课，可以称之为点名的简单操练：从排长开始一级级向上汇报列队学员的数目。当然，它的意义远大于此，它暗示了服从是第一位的；在这里，个人要服从整体，服从部队。

服从是自制的一种形式。西点要求每一个学员都去深刻体验身为一个伟大机构的一分子——即使是很小的一分子，具有什么样的意义。

西点的每一分子，对于个人的权威止于何处，团体的权威又始于何处，都会有清楚的认识。对西点人来讲，对当权者的服从是百分之百的正确。因为他们认为，西点军校所造就的人才是从事战争的人，这种人要执行作战命令，要带领士兵向有坚固防御之敌进攻，没有服从就不会有胜利。

威廉·拉尼德对此做了非常生动的描述："上司的命令，好似大炮发射出的炮弹，在命令面前你无理可言，必须绝对服从。"一位西点上校讲得更为精彩："我们不过是枪里的一颗子弹，枪就是美国整个社会，枪的扳机由总统和国会来扣动，是他们发射我们。"曾有人说，黑格将军之所以被尼克松看中，就是因为他的服从精神和严守纪律的品格。需要他发表意

第六章　服从

见的时候，坦而言之，尽其所能；对上司已做了决定的事情，就坚决服从，努力执行，绝不表现自己的小聪明。

这就是西点对学员的训诫和要求。西点为什么要这样做呢？请看一看一位毕业于西点的将军给一位西点学员的父亲的信："为什么我们让这些孩子经受4年斯巴达式的教育？他们住在冷冰冰的兵营，上午9点30分之前不能往垃圾桶里倒垃圾，水池必须始终干净，不堵塞。如此多的规定和规则，为什么？"

"因为一旦毕业，他们将被要求全无私心。在军队的这么多时间内，他们将要吃苦，将在圣诞节远离家庭，将在泥地上睡觉。这份工作有许许多多的东西让他们把自我利益放在次要地位——因此，必须习惯这样。"

背上有痒不能抓，这能够有什么好处呢？西点学员知道，军人就是要连背痒都能忍得住。

如果一支部队里士兵都在左摇右晃地拼命抓痒，还能称得上是训练有素的部队吗？

一个高效的企业必须有良好的服从观念，一个优秀的员工也必须有服从意识。因为所有团队运作的前提条件就是服从，从某种意义上可以说，没有服从就没有一切。

其实，在这个世界上，每一个人都必须学会服从，不管你身在什么样的机构，地位有多么高，个人的权利都必须受到一定限制。美国参谋长联席会议主席的服从对象是三军总司令，即美国总统，而总统则又必须服从于国会及全体国民。企业界亦然，即使是企业的总裁，也还得服从于董事会、股东和消费者。对于我们个人来讲更是如此。一个人的成败，在很大程度上取决于你是否学会了真正的服从。

服从的确是一种美德。一个企业，如果没有严格的规章制度和严明的纪律，就如同一盘散沙。"没有规矩，不成方圆"，如果没有服从，企业将会溃不成军，何谈竞争和生存。对于命令，首先要服从，执行后方知效果。还未执行，就发挥自己的"聪明才智"，大谈见解和不可执行的理由，走到哪里都是不受欢迎的角色。对于有瑕疵的命令，首先还是服从，在服从后与领导交流意见，共同改进和提高，"先集中后民主"。现在越来越多的企业倾向于军事化管理，最重要的一点就是服从，只有服从才能造就一支高效率、富有战斗力和竞争力的队伍，才能使企业立于不败之地。只有这样，个人才能够获得长远的发展，获得人生的成功。让我们将服从这一美德渗透到我们的思想当中，在实际行动中实践它吧！

第六章　服从

视服从为第一要义

军人职业必须以服从为第一要义，不会服从，不养成服从的观念，就不能在军队中立足。1945年6月30日，布雷德利将军给巴顿写了一个不同寻常而又合情合理的评语："他总是乐于并且全力支持上级的计划，而不管他自己对这些计划的看法如何。"西点人认为，服从是自制的一种形式。西点要求每一个学员都去深刻体验身为一个伟大机构的一分子，即使是很小的一分子，也具有重要意义。

商场如战场。服从的观念在企业界同样适用。每一位员工都必须服从上级的安排，就如同每一个军人都必须服从上司的指挥一样。大到一个国家、军队，小到一个企业、部门，其成败很大程度上就取决于是否完美地贯彻了服从的观念。

服从，是指受到他人或者规范的压力，个体发生符合他人的或规范要求的行为。其实，对于服从，人们并不陌生，因为这是一种非常普遍的现象：幼儿时期服从父母，上学期间服从老师，参加工作后服从领导。

19世纪70年代，巴黎近郊住着一位名叫彼埃尔的农民，妻子和三个孩子同他一起过着清贫的日子。经过多年的辛勤工作和清苦生活，彼埃尔终于积攒了一笔钱，买下了他们已经居住十来年的小农舍。农舍虽小，却是红瓦白墙，屋后有一个精心调理的小花园，园里栽满了招人喜爱的各色植物。在把这幢小房子买下来的那一天，全家举行了一次小小的宴会庆祝了一番。

不久，爆发了1870年的德法战争。彼埃尔应召加入了军队，因为他曾是一名技术精到的炮手。

彼埃尔他们的村子很快陷入敌手，村民们都随着逃难的人群远走他乡。法国人的一支炮兵部队依然占据着河对岸的高地，彼埃尔就在其中。

在一个冬日，他正在一门大炮前当班。一位名叫诺艾尔的将军走了过来，用望远镜仔细瞭望河对岸的小村。

"喂，炮手。"将军没有回头，用尖利的嗓音说。

第六章 服从

"是,将军!"彼埃尔喊道。

"你看到那座桥了吗?"

"看得很清楚,将军。"

"也看到左边那所小农舍了吗?就在丛林后面。"

彼埃尔的脸色煞白,说:"我看到了,将军。"

"这是德国人的一个住宿地。伙计,给它一炮。"

炮手的脸色更加惨白。这时的风很大,天气寒冷,裹着大衣的副官们在凛冽的寒风中打着寒战,但是彼埃尔的前额上却滴下了大粒汗珠。周围的人们没有注意到这位炮手的表情变化。彼埃尔服从了命令,仔细地瞄准目标开了一炮。

硝烟过后,军官们纷纷用望远镜观察河对岸的那块地方。

"干得棒,我的战士!真不赖!"将军微笑地看着炮手,不禁喝起彩来,"这农舍看来不太结实,它全垮啦!"

可是,将军吃了一惊,他看到彼埃尔的脸颊上流下了两行热泪。

"你怎么啦,炮手?"将军不解地问。

"请您原谅,将军。"彼埃尔用低沉的喉音说,"这是我的农舍，在这世界上，它是我家仅有的一点儿财产。"

服从命令是军人的天职，而且不应当有任何借口，即使你有天大的冤情，也要默默地做出巨大的牺牲。这一点，彼埃尔为我们做出了出色的榜样。

服从应该成为每一个员工所必须具备的第一美德。没有员工的服从，企业任何绝佳的战略和设想都不可能被执行下去；没有员工的服从，任何一种先进的管理制度和理念都无法建立和推广下去；没有员工的服从，任何一个精明能干的领导都无法施展其才能。一个高效的企业必须有良好的服从观念，一个优秀的员工也必须有服从意识。因为上司的地位、责任使他有权发号施令，同时上司的权威、整体的利益，不允许部属抗令而行。一个团队，如果下属不能无条件地服从上司的命令，那么在达成共同目标时，则可能产生障碍；反之，则能发挥出超强的执行能力，使团队胜人一筹。

"服从第一"的理念如果不能渗透到每个员工的思想当中，公司是没有发展前途的，在市场竞争中一定会失败。所有团队运作的前提条件就是服从，有时可以说，没有服从就没有一切，所谓的创造性、主观能动性等都在服从的基础上才成立。否则，再好的创意也推广不开，也没有价值。

第六章 服从

许多年轻人以玩世不恭的姿态对待生活，他们非常注重自我，不能承受他人或制度的"束缚"。他们对于父母的建议表示反感，对于学校或公司的制度感到厌恶，对于上司的命令深表不满！如果从态度上你根本就不服气，即使你服从了也丝毫没有意义。真正的服从是"心服口服"。大多数情况下，我们会认为自己不服气是因为对方的建议、命令或制度不正确，而从来不考虑自身的因素。其实，当你有这样的想法时，你应该看看西点人是怎么做的。

在工作中，我们也可能会遇到类似的情况。有时为了公司的利益，我们可能要默默地让出自己的一部分利益。有时面对老板不知情的吩咐，我们可能没有机会解释自己所做出的牺牲，一直到任务完成。也许我们所做出的牺牲会被老板发现，但是事情已成定局，也许老板永远都不知道我们所做出的牺牲。但是，即使是这样，我们也应当一如既往，因为这是工作的需要。

服从就是必须完成工作

对西点学员来讲,服从上级是百分之百正确的,因为他们知道,西点军校所造就的人才是从事战争的人,这种人要无条件地执行作战命令,要带领士兵向设有坚固防御之敌进攻,没有服从就不会有胜利。

服从命令是军人的天职,不妨看一看上司定律:第一条,上司绝对是对的;第二条,当上司不对时,请参照第一条。

在西点,服从主要是一项考验,学员若能成功地通过这些考验,即可达到自律自制,以及更大的自主独立,使他们日后能够成为不求近利、高瞻远瞩的管理者。

公司中管理者的成败,在很大程度上也是取决于员工有没有学会服从。服从即遵照指示做事。善于服从的员工必须暂时放弃个人

第六章 服从

的独立自主,全心全意去遵行所属机构的价值观念。服从需要个人相当大的努力,特别是一向珍惜个人自由、讲求自主的员工。

我们从来不该有失败的念头,在有限的时间内,我们无暇为做不好的事情找借口,无暇文过饰非,而应该充分利用每一分每一秒来达成任务,这就是西点所要求的绝对服从。不论在任何机构,管理者的权力都是有其极限的。管理者的地位再高,还是必须向另一个更高的权威负责。

黑夜沉沉,伸手不见五指。峡谷对面,敌人的营火在熠熠闪亮,夜空中弥漫着阴冷的湿气。

德国列兵威廉·包姆正在只身当班放哨。他的衣裤已被夜雾打湿,身上一阵阵地发冷。

他想起了舒适温暖的家。屋子后面有个不大的苹果园,晚上常常有夜莺来婉转歌唱。那时候,每晚村里那口大钟敲响十下之前,他便已经钻进了热烘烘的被窝……

"假如皇帝在这样一个夜晚来到这个地方,"他不由自言自语起来,"他一定也会同我一样地讨厌战争!"

"你怎么知道他一直没有讨厌战争?"他忽然听到附近有人用浑厚的嗓音说话。

包姆立即恢复了常态。他举起枪来,口气严厉地喝道:

"站住!你是谁?"

"你的朋友。"那人走了过来。

"那么,朋友,请说出口令!"

"普鲁士之鹰!"

"请走吧,朋友,没事了。"

但那人并不离开,反而走得更近了。在朦胧的月色下,哨兵看到这人穿件骑兵的斗篷,一顶帽子遮住了他的双眼。

"看来你站岗的地方特别潮湿,朋友。"那陌生人说,"为什么不抽袋烟增加点儿暖意?"

"抽烟?"士兵说道,"喂,你是从哪个角落来的,兄弟?你不知道值勤时间抽烟是违反军令的?"

"不过,如果皇帝允许你抽点儿烟呢?"

"皇帝!"这位士兵大声说,"我的队长会怎么说?在皇帝知道这事儿之前,我的脊背早就被罚鞭打肿了!"

"得了,队长又不在这儿。快拿出烟斗来抽吧,老兄。我不会说出去的。"

第六章　服从

"浑蛋,你这无赖!"士兵发起怒来,"我怀疑你是来故意找我麻烦的呢!请你滚远点儿,免得吃苦头!如果你再瞎扯,我就揍你!"

那人却哈哈大笑起来:"我倒要看看你怎么揍呢!"

士兵抡起一拳,陌生人被打得后退了好几步,帽子也被打飞了。

"好呀,"那人的嗓音也变了,"老弟,你就等到天亮吧,你会得到报应的!"他说话时弯下腰,从地上拾起一件东西,接着消失在黑暗之中。

第二天早上,一名班长带着四个士兵来找包姆,把他带到司令部里。所有的将军都站在那儿,他们中间坐着一个身体瘦小、目光锐利的人。虽然他的衣着显得十分褴褛,但包姆认出他就是德皇弗里德里克。

皇帝盯着这位不幸的哨兵说:"诸位先生,假如一名德国士兵动手打了他的皇帝,那该当何罪?"

"处死!"将军们众口一词。

"好呀,这就是打我的那人,"皇帝的右手举起一只烟荷包,"这儿有他的名字:威廉·包姆。"

"恕罪呀,陛下!"包姆吓得跪了下去,大叫起来,"我决没有想到深夜里同我说话的会是皇帝陛下!"

"是的,我也认为你不知道是我,"皇帝走过来拍拍他的肩膀,"我倒希望,我的士兵都能像你那样服从命令。我对你说过,你会得到报答的。现在,你将被提升为中士,就从今天开始!"

一个高效的企业必须有良好的服从观念,一个优秀的员工也必须有服从意识,两者的关系是相辅相成的。因为企业的整体利益,不允许员工抗令而行。一个团队,如果下属不能无条件地服从上司的命令,那么在达成共同目标时,则可能产生障碍;反之,则能发挥出超强的执行能力,使团队胜人一筹。

如果要问什么样的员工最难管理,相信大多数老板都会说是那些不服从自己决策的员工;如果再问他们怎样管理这样的员工,相信老板们都会说:"不是我炒他们,就是他们炒我。"那些能留在公司里并被老板赏识的员工,他们总是服从老板的决定,即使在自己有不同意见的时候也是如此,他们会向老板呈报自己的建议,但是仍然会听从老板的指示。

第六章 服从

　　服从角色的宗旨，就是坚决地遵循指示去做事，去高效率地完成任务。服从的人必须暂时放弃个人的独立自主，全心全意去遵从所属机构的价值观念。

　　遗憾的是，很多员工往往没有把握好服从的角色，自以为"我只是一个普通的员工而已，一切决策和行为都与我无关"。缺乏服从领导的意识，甚至于"做一天和尚撞一天钟"。这样的员工又岂能有机会成为公司的精英和栋梁？又怎么能获得公司的信任，被委以重任呢？

　　所以，服从是成为优秀员工的首要任务。只有定位好自己服从的角色，才能在现代的职场竞争中立于不败之地，也才能使你成为公司不可或缺的员工，甚至是公司的高层领导！

　　总而言之，服从对任何组织来说都是至关重要的。没有服从精神的组织，只能称之为"乌合之众"。作为员工要认真地、不断地检讨自己的行为，加强自己的服从意识，这才有可能远离乌合之众，开始实现自我价值。

　　可见，任何人都没有理由不服从组织的决定，也许你功勋卓著，也许你才华横溢，但当你成为组织中的一员时，你首先要做的就是服从。否则，你就将失去展示自己才华的舞台。因为，组织需要的不是你一个人的表演，而是全体成员配合默契的大型表演。

坚决服从

在军队里，服从是军人的第一天职，绝对服从只适用于军队。但是，我们从军人的服从是第一天职里面知道，遵守服从的人是效率最高的，否则就可能给他所在的组织带来损失。坚决服从对一个公司同样重要。一个员工如果没有服从观念，就不能在职场中立足。每一位员工都必须服从上司的安排，就如同每一个军人都必须服从上司的指挥一样。

在职场中，有些人不愿意服从，觉得分配给自己的工作太过简单、枯燥乏味，以自己的能力应该做一些技术含量更高的工作，不屑于去做这些工作。久而久之，这种心态会使人形成眼高手低的坏习惯，最终会一事无成。你要相信，即使是枯燥的也可以充满意义，只要你热情对待，成功就在脚下。

凯丽在一家公司担任秘书职位，每天的工作是整理、书写和打印文件资料。很多人认为凯丽的工作单调而乏味,劝她另谋高就。但凯丽却觉得自己的工作充满了乐趣,她说:"我每天都在尽职尽责地工作,每天都能收获很多工作或人际交往方面的新经验,我觉得自己一直在进步。"

凯丽一直尽职尽责地做着这些工作。一段时间后,细心的她在文件中发现了很多公司在经营运作方面的问题,而且这些问题如果不能得到及时解决,将有可能影响公司的正常运转。于是,她每天在工作之外,还利用工作之余认真收集、整理并分析相关方面的资料。当她把相关资料和分析结果一起交给老板时,老板大吃一惊,心想:"这个年轻的新秘书,居然有如此敏锐的问题意识和严密细致的分析问题的能力。"老板不仅采纳了凯丽提出的多条建议,而且对她刮目相看并委以重任,但凯丽还是认为,自己只是想尽力做好工作,没有必要获得奖赏。

凯丽以认真、负责的工作态度对待自己的工作,不仅使公司避免了严重的损失,而且为自己赢来了发展的机会。

所以,最好的服从者,一定是有充足的自信,自己有能力完成任务,并且具备高综合素质的人。还是来看看伟大的巴顿将军的例子吧。乔治·福蒂在《乔治·巴顿的集团军》中写道:

1943年3月6日，巴顿临危受命为第二军军长。他带着严格的铁的纪律驱赶第二军就像"摩西从阿拉特山上下来"一样。他开着汽车转到各个部队检阅。

　　巴顿深入营区后，每到一个部队都要进行训话，他训话的内容无所不包，诸如领带、护腿、钢盔和随身武器及每天刮胡须之类的细则。他要求士兵们严格服从他的命令，不得有违。士兵一致认为巴顿将军是一个做事不利索的指挥官，因此都不喜欢他，甚至可以说，巴顿由此可能成为美国历史上最不受欢迎的指挥官。然而，这并不妨碍巴顿的伟大，就像士兵们虽有不同意见，但还是严格服从了巴顿的要求。他们必须服从，因为他们的长官是巴顿。正是这样，第二军发生了变化，它不由自主地变成了一支顽强、具有荣誉感和战斗力的部队……

　　巴顿可以说是美国历史上个性最强的五星上将，但他在纪律问题上，对上司的服从上，态度毫不含糊。他深知，军队的纪律比什么都重要，军人的服从是职业的客观要求。他毫无条件地服从上司，同时也要求部属完全服从于他，没有别的话好讲。正是对服从观念的重视，让他成了一位影响历史的人物。

第六章 服从

巴顿有时候虽然会显示出粗鲁的品质,但是他并不是一名强硬的命令者。他从不满足于运筹帷幄与发号施令,而是经常深入基层与前线进行考察,并听取部属的意见,可以说建立了良好的亲民形象。巴顿的一个天赋就在于他能够让士兵们感觉到统帅就在他们中间,是他们中的一员。因而,大家都愿意听从他的命令,愿意服从他的指挥。

实际上,强烈的服从观念是不可能与生俱来的,不会有谁是天生不找任何借口的好员工、好士兵。由此可以看出,要想具备一定的服从意识,就必须进行后天的培训与灌输。西点军校不断要求学员的着装与仪表,正是为了加强学员地服从意识。西点军校非常注重培养学员的服从意识,要求学员必须无条件地服从、遵守军纪。学员一旦违反军纪军容,就不得不接受严厉的惩罚。于是,这些不慎触犯军纪的学员不得不身着军装,肩扛步枪,不停地正步绕圈,而且时间漫长——少则几个小时,多达十几个小时。

学不会服从,也就学不会管理。将服从训练成习惯,就会水到渠成地走向成功。

许多公司大费周折地表扬优秀员工,俨然把他们捧得比团体更加重要,结果员工往往忘记了公司的重要。对于这样的情况，西点要求每一个学员都去深刻体验：身为一个伟大机构的一分子——即使是很小的一分子，具有什么样的意义。

这一认识，是从严格的服从训练中一点一滴摸索得来的。对于意气风发、志得意满的新学员，更是艰难的一课，然而这正是他们学习管理能力的第一课。为了培养服从意识，西点军校教育每个学员切忌避免"对总统、国会或自己的直接上司作任何贬低的评论"。西点教诲学员，"不要上送那种不受上司欢迎的文件和报告，更不要发表使上司讨厌的言论"，"如果摸不准自己上送的报告或发表的讲话是否符合上司口味，可以事先征求一下上司的意见"。

在公司中也是一样，如果连你自己都看不过去的企划书，就别心存侥幸地拿给上司看，当然，你可以和上司针对这份企划书进行讨论。这样，你会对工作产生兴趣、充满信心。

第六章　服从

服从而不盲从

西点军校还教育学员养成一个公务员的性格，坚信上司是完美无缺的有识之士，对上司不要有任何猜疑，这是西点的传统美德。毕业于西点的威廉·拉尼德上校对此做了非常生动的描述："上司的命令，好似大炮发射出的炮弹，在命令面前你无理可言，必须绝对服从。"

有6只猴子被放入同一个笼子，并用链条将香蕉悬挂在笼子顶部。链条另一端与淋浴器喷头相连。当一只猴子伸手拉香蕉时，所有猴子都会被淋浴器喷出的冷水浇湿（猴子和猫一样，不喜欢水）。用不了多久，6只猴子就都知道香蕉是不能碰的。接着，从6只猴子里取出一只，并放入一只新的猴子。毫无疑问，新来的猴子看见香蕉心想一定是到了天堂。但当它往上爬时，其他5只猴子会制止它接触香蕉。不久，这只新来的猴子也知道香蕉是个禁忌，必须服从另外5只猴子的命令。然后新猴子不断被放入，每放入一只新猴子的同时，都取出一只原来的猴子。每次替换猴子的时候，这样的教训都会重新上演一次。很快，最初在笼子里的6只猴子全都被替换出去，而香蕉仍完好无损——虽然后来的猴子从未被冷水淋湿，但它们从不询问不能碰香蕉的原因，它们只管服从。

"猴子实验"是西点军校实验室中进行的一项经典试验，确切地说明了士兵们如何学会服从——不假思索地把一些自己已有体会的传统教给他人，并且让他人绝对不能违反，这就是服从。

在西点军校，即使是立场最自由的旁观者，都相信一个观念，那就是"不管叫你做什么都照做不误"，这样的观念对训练服从有莫大的帮助。在新生的训练中，西点的教官会告诉他们：战士的生命意味着责任，你必须服从命令，并且时时准备着。当冲锋号吹响的时候，你必须出发，哪怕是赴汤蹈火，也不能有任何的犹豫或退缩。

上午11点55分，在哈德孙河的河湾上空，凌厉的北风呼啸

第六章 服从

而过。刺骨的寒风穿过西点平原，冲击着美国陆军军官学校的花岗岩堡垒。这个时候，教官那洪亮的声音响彻在学校里，余音久久回荡着："所有学员请注意：5分钟内集合，进行午间操练。请在野战夹克里面套上作战服。"

学员们听到命令后，迅速涌向大操场。大操场铺着柏油，位于营房之间。学员们站立后，严阵以待，心里计划着离规定集合时间还有几分钟。

这种情形对于西点学员来说，是再熟悉不过的了，因为他们每天至少有两次进行集合操练。无论春秋冬夏，从无间断。

"站好队！"只听得一声令下，本来松散的人群顿时就排成了整齐的队形。让我们看看这个整齐的队形吧，每个方阵是一个排，四个排组成一个连，四个连编成一个营，而两个营则编成一个团。

"立正"这一声断喝，让所有人都立即目视前方。

事实上，列队是西点的必修课，学员们以此种方式聚在这里，200多年来天天如此。我们可以将其视作学员的简单操练，这是因为，在这一必修课中，从排长开始，要一级级向上汇报到队学员的数目。当然，列队的意义远不止于此。更重要的一点是：列队这种方式暗示了服从是第一位的。在西点军校，个人要服从集体，服从部队。西点军校要做的就是，将服从训练成习惯。

在职场中，有人在做企业管理的时候，曾经成功地把这种服从观念灌输给每一个下属，获得了不凡的成功。由此不难发现，服从的作用和重要性比人们通常所想象的还要大。

当你的企业和员工都具有强烈的服从意识，在不允许妥协的地方绝不妥协，在不需要解释时绝不做任何更多的解释，你会猛然发现，工作因此会有一个崭新的局面。

许多在职场中打拼多年的人都有这样一种深刻体会：服从一次容易，事事依从领导却很难。那些在职场中的老员工几乎都曾有过刁难领导、违背领导命令的经历，虽然在平时他们大多数都能很好地与领导相处。事实上，老板也是人，不是神，当然也就有说错话、做错事、下达错误指令的时候。当你发现老板有错时，你怎么办？这就需要你在接受老板安排的任务时进行冷静的思考，权衡利弊。如果确实该做，就要毫不犹豫地去执行。如果是不应该做的，并且对自己、对公司都贻害无穷，那就想方设法拒绝，而不能盲从。你一定要能够独立

第六章 服从

思考，处事有主见。对老板的能力、水平、人格可以认同和赞赏，但不能迷信和个人崇拜；可以尊重、热爱自己的老板，并认真执行他的正确意见和主张。

如果你觉得老板的命令有一定的错误，而且涉及公司的前途，必须要让老板知道他的错误，你应该在适当的场合适当的时间私下找他聊，谈谈自己的意见和看法。一个成熟的职场人士，对老板的旨意理解的要执行，不理解的就在与老板的交流中执行，你要能充分明白老板的意图，如此才能看清老板的命令是否真的错了。

只有处理好服从与盲从之间的分寸，你才能获得信任、支持、帮助和鼓励，你才会精神振奋，干劲倍增，心无旁骛地投入到工作当中。如果与上司矛盾尖锐，关系僵化，则心理上必然抑郁、沉闷，长此以往会导致人格、性格、心理、生理的严重扭曲，结果不是屈服依附，唯唯诺诺，就是消极颓废，丧失信心。

但是，这一切都要以服从为前提，不盲从并不代表不服从，不要为了找老板的错误而去看老板的命令，假如你力求证明老板错了，那么你才是真正犯了大错。

服从是员工的天职

服从,永远是军人成长直至成熟的第一步。在军队中,每一个军人必须服从上司的指挥。同样的,在每一个团队中,每一位成员都必须服从上级的安排。这不是专制,而是有效执行的保证。

但在现实生活中,很多人将服从只是看成军人的行为,而与自己没有关系,这种想法是很不恰当的。在一个团队中,要想将这个团队的最大凝聚力与潜力发掘出来,那么这个团队就必须有且具有一个领导者,而团队里的其他成员都处于服从的地位。有领导者,有服从者,分工不同,无所谓贵贱之分,只不过各司其职,只有这样才能激发出团队的最大活力。

服从无论是对个人职位的体现还是公司发展都有重大的影响。每个员工在进入一家新的公司后,就必须从零开始,然

第六章 服从

后给自己一个定位，明确自己的职责，服从公司分配给你的任务，并能很好地完成它。

一名刚进入企业的新员工不论被分配到哪一个部门，即使这个部门并不是他所希望的，也不应该有异议，因为公司总是会从大局出发，对员工的安排自然都是为了工作需要。这个时候员工就要有良好的服从态度。但是，如果服从只是员工暂时的委曲求全，那问题也将会随着时间的推移而很快地暴露出来，不满的情绪终有一天会爆发，带着抱怨、委屈心态上班那工作效率也将大打折扣。这样的员工无法明白：企业对于他的安排，正是基于企业对于他的了解，针对企业的需要，把他安排在适当的岗位上，如果他能够全心全意地服从安排，认真地在这个岗位上尽心尽力地工作，必然会有令他满意的收获。服从企业的安排对于员工来说，是走向成功的一条捷径。

基于此，毕业于西点的一位企业领导者指出：服从是一种行为，是一种意识，更是一种品质。如果不懂得服从，怎么形成一股强大的力量，这样只会给团队带来影响。乐于服从，并不是什么丢人的事。但是有很多人偏偏将服从行为看作是胆怯懦弱的表现，是丧失个人人格的奴隶行为。这种观念是十分荒唐的，因为服从并不等于盲从，而是团队的需要，同样体现出一个人的价值。

我们当然知道,西点军校所制定的训诫和要求,是从军事指挥的角度出发的,这就决定了企业不能机械地照搬这些训诫和要求。而且上司的指令并非全部正确,有所错误也在所难免。然而,但凡是一个运营高效的企业,就必须具备良好的服从观念,而一个优秀的员工也必须具备良好的服从意识。这些意识体现在以下几个方面:

第一,服从没有面子可言。面对你的上级,应该借口少一点儿,行动多一点儿。在企业中经常会遇到这种情况:在一些主管接受一项业务时,不是一次就把事情做了,而是先让交代任务的人走开。"我现在很忙,先放在这儿",好像马上去做就会显得自己不权威、不繁忙,其实,这样做的主要原因就是好面子。有人戏言,承认自己"在家怕老婆"的人一定能当官,这一观点有其正确的一面。在优秀员工的身上,好面子而延误工作的事绝不会发生。上级一旦安排了工作,他们就会无条件地立刻行动,因为服从面前没有面子可言。

第二,服从还应该直截了当。在企业中,需要这种直截了当、畅通无阻的传递过程。没有"顾忌"、没有"烦琐"、无须"协调"、无须"磨合",全力而迅速地执行任务。这是一

第六章 服从

个非常重要的指标,是管理效能的一个非常重要的方面。

第三,接受当先。企业主管作出的任何一个决策都不是一拍脑门就决定的,他的工作是系列化的,你的某项任务就是其中的一个环节,不要因为你这一环节影响到主管工作的进程。他之所以将任务分配给你,包含了他个人的判断,而你认为"不可行",那只是你的判断。你可以先接受他分配给你的任务,如果在执行过程中出现了问题,再去和主管沟通。你不应该马上推辞,并列出一堆理由来说明你的困难,这是最不受领导欢迎的,切记这一点。

第四,随令而动。立即行动是一种服从的精神。企业也应该具有这种精神——随命令而行,不能有一时一刻的拖延,因为每一个环节都即令即动,就能积极高效地在第一时间内出色地完成既定的任务,从而使企业成长为"坚不可摧"的组织。

即使领导有很多不足之处,但至少有一点你不如他的地方,就是他拥有一定的资金、人才、商品、技术和社会关系等资源。

另外,能成为领导的人,首先他的个人能力就是不可否认的。如果员工感觉领导这也不对,那也不对,光相信一些肤浅的、表面的东西,看不清楚事情的本质,那就大错特错了。

所以，要把服从作为核心理念来看待，老板就是老板，员工就是员工，服从是第一生产力。每个人都要有意识地服从老板、服从上司。如果有不同意见，可以在老板没做决策前，给出建议，一旦老板决定了，就要服从决定，虽然这个决定违背你的本意，也要"盲从"。"令行禁止"的企业才有高效率，才有竞争力。

公司中经常会遇到需要决策的问题，一个优秀的员工应该在需要发表意见的时候，坦而言之，尽其所能。但当上司决定了什么事情，就要坚决服从，努力执行，绝不表现自己的小聪明。当然这样的训诫和要求是从军事指挥的角度来制定的，它对要求服从的效果是非常有成效的，对于公司管理中指挥系统的顺畅和执行也是非常有价值的。

身在企业的员工，服从企业的安排是明智的选择。如果说服从是军人的天职的话，那么对于企业员工来说同样如此。要想融入企业中去，与企业同舟共济，那作为员工就必须端正自己的心态，将你的激情用到工作当中，培养对工作的感情，用心用热情去工作，无论企业作出何种的变革或者安排，我们都会诚心乐于接受，任劳任怨努力做好本职工作。只有这样，才能成为真正的"企业人"，才能成为一名优秀的员工。

第六章 服从

服从领导的安排

对一个团队而言，若是下属不能无条件地服从上司，那么就难以达成共同的目标，就会被人形容为"一盘散沙"或是"乌合之众"。相反，如果团队里的每一个人都有高度的执行意识与执行能力，那么该团队就会焕发出惊人的力量。

实际上，如果只把服从看成是军人的天职，那么就是片面的，甚至是错误。虽然西点军官不论其级别高低，都要服从上级的命令，因此管理艺术是发出命令与执行命令的一个奇妙的混合物。"在你能够管理之前，你应该学会怎样去服从。"西点基地士官学院院长理查德·A. 霍金斯上校(西点59届学员)解释说，"这听起来可能有些奇怪，但是一名忠实的服从者会成为一名出色的管理者。"

从新学员在西点军校门口走下公共汽车的那一刻起，他便告别平民生活的"友好世界",准备服从无数的命令。首先是关于一些烦琐的事情,最后则是生死攸关的问题。即刻服从命令是人们对西点军人普遍的印象,这是真实的。每位学员都会立即接受命令,并着手找出执行该命令的办法——这一过程需要学员们自发培养处理问题的能力。不同的命令要用不同的方法来执行,命令本身不会告诉你应该怎样做——而仅仅是"你必须完成它"。

在我们的学习、工作与生活中都离不开它。在中学,在大学,新入学的学生都要面临着为期一个月的军训,而军训的目的之一就是培养学生的"服从"意识。在职场生涯中,那些职场胜利者的诀窍之一就是服从,毕竟能成为你的老板的人,必有强过你的地方。因此,我们应该抱着积极的心态,向上司虚心学习,这样才会不断地进步。

约翰·苏努努在美国总统布什执政期间可谓平步青云,但1991年4月间,新闻报道首次披露了这位白宫总管的丑闻,公布了他在任职27个月里共因私事搭乘政府飞机70多次和花费公款60多万美元的事实。而白宫规定,政府官员参加政党活动和办理私事搭乘政府的飞机要收费。

苏努努辩解说,这都是因公出差办事途中的"顺道"之

第六章 服从

举,不算违规犯禁。

于是,白宫针对苏努努加了一条新规则:他本人不得直接或间接要求私人公司为其提供飞机,只能由要求他参加活动的主办单位为他派去飞机,如主办单位不提供飞机,他就不能搭乘飞机。规定已经够明确了,可苏努努还是我行我素。他赴芝加哥参加共和党的筹款活动,私自找华盛顿的商人给他提供往返的飞机;还私自使用一辆有司机驾驶的白宫礼宾车参加稀有邮票拍卖会,并办理其他私事。

这些被新闻界披露后,他狡辩说:"我的工作一周7天,每天24小时。这就是为什么我随时用车,并且配备有司机的原因。"苏努努的可恶行为使得公众十分不满,政府官员、国会议员、财阀大亨也都对他口诛笔伐。

布什得知丑闻后,感到"气恼、愤怒和困惑"。白宫的谋士们纷纷敦促布什罢免苏努努。苏努努依旧不以为然,直到他得知布什总统对他的行为感到"气恼、愤怒和困惑"时,才一改往日作风,发表正式声明说:"对于我最近因旅行情况而造成的行为不当的形象,没有人比我更感到遗憾。"并且他保证以后不会再犯这样的错误。然而，在各方压力下，布什不得不罢免了苏努努的白宫办公厅主任职务。

苏努努的失败在于：不了解服从的艺术，不守规矩，任性而为。就像赫尔岑说的："没有纪律，既不会有平心静气的信念，也不能有服从，更不会有保护自身健康和预防危险的方法了。"而苏努努就使自己陷入了这种极大的危险里。当然，我们说的服从并不是盲从，而是理性的服从：孩子服从父母的良好教育；学生服从老师的耐心指导；下属服从上司的英明决策……这些都是应该做到的。今日的服从造就明日的不可战胜。

处在服从者的位置上，就要遵照指示做事。即使在企业界，服从的观念也同样适用。每位员工都必须服从上级的安排，就如同每个军人都必须服从上司的指挥一样。

作为一个处在服从位置上的人，必须暂时放弃个人的独立自主，舍去个人的独立意识，全心全意去遵循所属机构的价值观念。对于一个机构的价值观念、运作方式，一个人只有在学习服从的过程中才会有更透彻的了解。

不服从上级这种现象在刚刚走出校门的年轻员工中最为常见。他们总认为自己的观点是正确的，再加上年轻冲动，所以他们不甘心服从上级，这也就导致了许多年轻人刚刚毕业却频

第六章 服从

繁地换工作。因为他们只要意见与上级相左就不服气，然后就跳槽。结果，他们处处不服从，处处不受重视。公司老板最喜欢的员工不是一直提出异议的员工，而是执行力高，并在恰当的时候能提出建设性意见的员工。

尽管上司发出的指令并不都正确，但是，一个高效的企业必须建立在良好的服从机制上，一个优秀的员工也必须有极强的服从意识。领导者面对的是一个团队，如果下属不能无条件地服从上司的命令，那么在达成共同目标时，则可能产生障碍。反之，则能发挥出超强的执行能力，使团队胜人一筹。只有在服从中，全力以赴、自觉主动地去工作，才能与企业共同成长与进步。

将服从训练成习惯

学不会服从，也就学不会领导，使服从成为一种习惯，就会水到渠成地走向成功。这种观念，是西点精英在严格的服从训练中逐步认清的。

西点学员在个人权威与集体权威产生矛盾时，他们最终遵从的是个人权威服从于集体权威。西点学员的这种服从意识，正是众多管理者所缺乏的，还有许多的管理者没有学会适应服从这一角色。不容否认的是，在某些大公司，仍有相当一部分管理者抱有唯我独尊的蛮横观念——只有别人服从我，哪里有我服从别人的道理。

"服从"，绝不仅仅是指"听话"，也不仅仅是指机械地遵照上级的指示那么简单。服从需要个人付出相当大的努力，它需要在一定限度内牺牲个人的自由、利益，甚至生命。服

第六章 服从

从,也是公司中一个优秀员工必须接受的严峻考验。会服从的员工也并不是凡事都唯命是从,服从强调的是对公司文化的认同感。

被选入西点军校的学员,不论是在学业还是课外活动的表现上,都是名列前茅的高才生。具有这样优越条件的青年,也可能变成刚愎自用、自高自大的管理者。正是考虑到这一点,为了防患于未然,西点军校对刚入校的新学员要进行极为严格的服从训练。这些训练让他们明白,他们只不过是西点这个大团体中的一分子罢了,并且需要有一定的法规和传统来约束他们,并让他们知道自己对国家负有重大的使命。

为了使新学员具有这种坚定的服从意识,西点军校采取近乎残酷的训练。在训练的过程中,他们失去了"自由",不准保留有任何最基本的个人财物,不准保留任何代表个人特色的象征。在最初训练的几个星期里,所有的新学员都像新生儿一样,无名无姓,也没有任何独立的个性。

每个公司都应当有自己独特的公司文化。正像西点的校训一样,全体公司员工要有自己的共同愿景。企业文化是公司之魂,它可以把所有原本个性迥异的员工团结成一个整体,这就是公司发展的驱动力。

新学员训练由高年级的学员主持，所进行的每一项活动都是经过精心策划的，不允许新学员在时间上有一分一秒的误差。西点每年录取1400多名新学员，在报到之后，他们对自己的时间就完全失去支配的权利了。高年级的学员在作过简短的说明之后，立即分配一连串的任务，而且必须在规定的时间内完成。要完成这些任务，新学员根本就没有喘息的机会，没有任何时间思考他们身在何处，要到哪里去。毕业于西点军校的艾森豪威尔将军，在回忆起他刚入学时的情景时说："我想如果容许我们有时间可以坐下来想一想，大部分的学员可能都会搭下一班的火车离开这里！"

西点退役上校拉里·唐尼索恩在他的回忆录里，描述了刚进西点军校时的一个小插曲。

1962年，我还是个涉世未深的18岁小伙子，穿着一件红色T恤和短裤，来到西点军校。我提着一只小皮箱，到体育馆报到。填好所有的表格以后，我走到了校园中央的大操场上。这时，我看到一个穿制服的学长，他的样子只能用完美无瑕来形容。他披着红色的值星带，代表他是新生训练的一个负责人。他远远看到我就说："嘿，穿红衣服的那个，快到这边来。"我一面走向他，一面伸出手说："嗨，我叫拉里·唐尼

第六章　服从

索恩。"我面带笑容，心想他也会亲切地回答我："嗨，我叫乔·史密斯，欢迎你加入西点军校。"

但结果出乎我的意料，他说道："菜鸟，你以为这里有谁会管你叫什么名字吗？"你可以想象得到，我当场被他一句话说得哑口无言。接下来他叫我把皮箱丢下，单是这个动作就又折腾了半天。我弯下腰把皮箱放在地上。他说："菜鸟，我是叫你把皮箱丢下。"这一次，我弯下身，在皮箱离地面5厘米左右松手让它掉下去，他却还是不满意。我一再地重复这个动作，直到最后一动不动只把手指松开让皮箱自己掉下去，他才终于满意。

拉里·唐尼索恩的遭遇并非个案，应该说，这在以前的西点很平常。高年级学员偶尔"刁难"一下新生，在西点可以说是一个传统。其主要目的，就是为了锻炼新学员的服从意识。

如今，西点军校主要的领导风格已经大不同于以前，不再那么蛮横专制，也比较尊重部属，对高年级学生强调以领导者对待部属的方式来对待新生。在新生训练中，值日的学长虽然说话仍然坚持公事公办，但是不会再有丢皮箱这类的规矩。值日负责人会清楚地告诉新生应该知道的事项，该到什么地方去，做些什么事，如果还有人不清楚，值日负责人会再说明一遍。但是，西点依然把"无条件执行"作为西点军规中最重要的一条。

第七章 赢在行动

第七章　赢在行动

立即行动

拿破仑·希尔曾说利用好时间是非常重要的,一天的时间如果不好好规划一下,就会白白浪费掉,就会消失得无影无踪,我们就会一无所成。经验表明,成功与失败的界线在于怎样做到从现在开始。人们往往认为,等几分钟、几小时没什么大不了的,但它们的作用很大。

时间上的这种差别非常微妙,可能在短时间内没什么太大的差别,但把时间累积起来,你拖延的时间就绝不是几分钟、几个小时。

它所产生的后果是你片刻的安逸,还有你长长的一生——无所作为。如果你没有从现在开始很好地选择行动,那么你的生活就会黯然无光。所以,我们要把自己培养成一个行动者,不要翻来覆去,犹豫不决,而要快速理清头绪,开始行动。只有这样，成功才会最大限度地垂青于你，你的技能和判断力才能得到提升。

当魏远华受聘于国际企业战略网作主要管理者时，他注意到公司的标准政策和程序手册内容极不全面，甚至连公司的规章制度都没有做到完善。于是，魏远华主动地编写了一本简明扼要的训练手册，国际企业战略网的经营者展开日常业务的快速指南。由于国际企业战略网是为许多企业做战略设计的，魏远华的这本训练手册很快就流传开来，并被许多大公司所引用。自那以后，许多公司的管理层为魏远华提供了更多的富有挑战性的任务，他不久就获得了提升，并被提升到国际企业战略网副总裁一职。

杨柳是已经有三个孩子的母亲，她跟另一位同样也是母亲的人，在北京的一个区政府里轮流做一份工作，即将面临机构改革的她忧心忡忡。她们利用工作之余的私人时间，杨柳研究了区政府的医疗规则和卫生部下发的公共事业部的工作指南，结果发现了一种能够让区政府获得更高比例补偿的会计方法。按照这种方法，北京某区政府可以从卫生部那里获得更高的补偿。因为她积极主动的精神和卓有成效的努力，杨柳获得了1万

第七章　赢在行动

元的奖金。

像魏远华和杨柳这样的人，就是一位善于主动出击的员工。为此魏远华这样描述自己的职责："在这个不断变化的世界里，我有责任改变我，以及我所在的公司和社会。这意味着我考虑到他人和我自己的各种行为与对策的长远后果。我必须努力争取双赢。我所在的公司把我看成是一个值得信赖的员工，一个能够大胆直言、提出问题和提供建议的人。虽然我正式的工作职责中并不包括这部分内容。"

主动行动吧！我只是想告诉大家，从现在开始做起，在做的过程中，你的心态就会越来越好。能够有开始，你以后的工作就可以慢慢地完成。正视今日！因为这就是人生，最真实的人生。

在这一天的短促旅程中，你会碰到人生一切实实在在的东西。行为的尊荣，成长的祝福，成就的壮丽。因为昨天只是梦，明天也仅仅是远景。

所以只有今天好好地生活，才能使每一个昨天都是幸福的梦，每一个明天都是有希望的远景。

所以，珍重今日！

抓住机会

在我们的工作与生活中，我们不要等待奇迹发生才开始实践你的梦想。今天就开始行动！如果你想在一切就绪后再行动，那你会永远成不了大事。因此，如果你想取得成功，就必须先从行动开始。狄斯累利曾指出："虽然行动不一定能带来令人满意的结果，但不采取行动就绝无满意的结果可言。"所以，有机会不去行动，就永远不能创造有意义的人生。人生不在于有什么，而在于做什么。身体力行总是胜过高谈阔论，经验是知识加上行动的成果。若想欣赏远山的美景，至少得爬上山顶。就像我们要吃到美味的面包，就必须自己动手去做一样。生命中的每个行动，都是日后扣人心弦的回忆。但是，在现实生活中，每天都会有很多人把自己辛苦得来的新构想取消，因为他们不敢行动。

第七章 赢在行动

为此，我想起了一位企业家对我说过的一句话："我一生事业之成功，就在于克服拖延，立即行动。就在于每做一件事，都提早一刻钟下手。"如果我们这样做，哪怕我们现在有了新构想，如果过了一段时间，这些构想又会回来折磨他们。那么，面对这种情况应该怎么办呢？我们只有赶紧行动，只有朝着目标前进，不要左顾右盼，不要犹豫不决，不要拖延观望，才能作出好成绩。

《干得好，格兰特》一书的作者曾在该书中写道：人们往往因为道理讲多了，就顾虑重重，不敢决断，以至于错失良机，甚至坐以待毙都不在少数。正是有了这么多的"思想上的巨人，行动上的矮子"，才有了那么多的自叹自怨的人。他们常常抱怨，自己的潜能没有挖掘出来，自己没有机会施展才华。其实，他们都知道如何去施展才华和挖掘潜能，只不过没有行动罢了。他们也明白，思想只是一种潜在的力量，是有待开发的宝藏，而只有行动才是开启力量和财富之门的钥匙。

让自己行动起来也是一种能力。如果你想调换工作，如果需要接受特殊的职业教育训练，你就要马上报名去参加，缴学费、买书、上课，并且认真做功课。如果你想学油画，那你就先找到适合你的老师，购买需要的画具，然后开始练习作画。如果你想要施行，那你就现在开始安排行程，着手规划。无论你的人生难关是什么，你今天就可以开始行动，并且坚持不懈。

在我们每个人的生命历程中，都有着种种憧憬、种种理想、种种计划，如果我们能够将这一切的憧憬、理想与计划，迅速地加以执行，那么我们在事业上的成就不知道会有怎样的伟大。然而，人们往往有了好的计划后，不去迅速地执行，而是一味地拖延，以致让一开始充满热情的事情冷淡下去，使梦想逐渐消失，使计划最后破灭。

看看那些没有成功的人，其实仔细分析他们失败的原因，我们就会发现，他们完全知道自己要走向成功必须做什么，但他们迟迟不愿采取行动，结果他们得到的就是失败。所以，我可以坦率地对大家说，成功的秘密是这样的：不要只是想着采取行动，而是要行动！只要我们每天能够克服拖延，立即行动，成功就属于我们。

第七章　赢在行动

行动决定成功

英国前首相本杰明·狄斯累利曾指出："虽然行动不一定能带来令人满意的结果，但不采取行动就绝无满意的结果可言。"因此，如果你想取得成功，就必须先从行动开始。

如果你在工作之处就下定决心，一定要出色地完成每一项工作，绝不半途而废。有了这个决心，你就会全身心地工作，你所做的工作就是你个性的体现，你也就不必为了工作机会而烦恼和担心。那么，我们应该如何使自己没有这份担心呢？这就需要你无论从事何种工作，一定要全力以赴、一丝不苟。能做到这一点，就不会为自己的前途担心。世界上到处是散漫的人，那些善始善终的人始终是供不应求的，更重要的一点是他们具备了立即行动的素质。在他们看来，我们只有赶紧行动，只有朝着目标前进，不要左顾右盼，不要犹豫不决，不要拖延观望，才能做出好成绩。

只要你积极行动，你就会把工作本身当作一种乐趣，而工作本身就会成为一种享受，此时你就会感受到让自己行动起来也是一种能力，而这种能力的增长来源于他们知道要成功必须去做什么，他们同时还知道成功的秘密是这样的：不要只是想着采取行动，而是要采取正确的行动！只要我们每天能够做成一件小事，日积月累成功就属于我们。

对此，我们来看这样一个小故事就明白了。这个故事讲的是有一位画家，举办过十几次个人展，参加过上百次画展。无论参观者多与否，有没有获奖，他的脸上总是挂着开心的微笑。

在一次朋友聚会上，一位记者问他："你为什么每天都这么开心呢？"

他微笑着反问记者："我为什么要不开心呢？"

尔后，他讲了他儿时经历过的一件事情：我小的时候，兴趣非常广泛，也很要强。画画、拉手风琴、游泳、打篮球，样样都学，还必须都得第一才行。这当然是不可能的。于是，我闷闷不乐，心灰意懒，学习成绩一落千丈。有一次，我的期中考试成绩竟排到全班的最后几名。父亲知道后，并没有责骂我。晚饭之

第七章 赢在行动

后,父亲找来一个小漏斗和一捧玉米种子,放在桌子上。告诉我说:"今晚,我想给你做一个试验。"父亲让我双手放在漏斗下面接着,然后捡起一粒种子投到漏斗里面,种子便顺着漏斗掉到了我的手里。父亲投了十几次,我的手中也就有了十几粒种子。然后,父亲又一次抓起满满一把玉米粒放到漏斗里面,玉米粒相互挤着,竟一粒也没有掉下来。父亲意味深长地对我说:"这个漏斗代表你,假如你每天都能做好一件事,每天你就会有一粒种子的收获和快乐。可是,当你想把所有的事情都挤到一起来做,反而连一粒种子也收获不到了。"

20多年过去了,我一直铭记着父亲的教诲:"每天做好一件事,坦然微笑着面对生活。"

所以,人生中的许多事情不在于你要全部去做,只要你对你自己喜欢的事情立即采取行动,你就会走向成功。对于勇敢的人来说,没有条件,也能够创造条件,他的行动永远是最好的时机和条件。因为行动本身就在创造条件和机会,就在于他们能够每天做好一件事,坦然微笑着面对生活。

赢在行动

在我参加国际企业战略网组织的一次企业论坛时，主持人在一开始的时候，就给我们开了一个小小的玩笑。在会议一开始，主持人就直奔主题地对大家说："各位来宾，各位领导，现在我想请大家都站起来看看自己的四周，看看有什么发现。"

主持人讲到这里，神秘地对大家笑了笑，然后用一种奇怪地眼睛看着大家。见此情景，全体参会人员都感觉到很纳闷，但还是陆陆续续地站了起来，莫名其妙地东张西望。不一会儿，有人就大声地说在桌子下面找到50元人民币。然后，就不断地有人说在椅子上、桌子里、地板上等地方找到了钱。最多的有100元，最少的也有20元。正当大家诧异的时候，这位主持人又拉开了话题，他接着问："朋友们，现在你们手中都得到

第七章　赢在行动

了自己应该得到的东西，但我想问问大家，你们明白我让大家做这个游戏的内涵吗？"

主持人讲到这里，接着就有人回答道："我知道，你想要表达的意思是，如果我们坐着不动，我们就不会有所收获。刚才你让我们动了起来，我们就一定会有所收获。"

还有的回答道："从这个游戏中，让我感受到了立即行动的重要性，让我感受到了原来我们的成功就来源于两个字：行动。"

事实如此，看看我们所取得的每一次成功，哪一点离开了行动呢？的确，我们的每一次成功都源于行动，人们常说，心动不如行动。只要我们想到了就立即付诸行动，我们就会很快地有所收获。

国际企业战略网总裁张其金曾经讲过这样的话："在一个企业组织里，为什么有的员工会取得很大的成绩，只要你看看他们所取得成功的过程，你就会发现，那些被认为一夜成名的员工，其实在成功之前，他们已经思考了很长的一段时间。当他们思考成熟时，他们就立即采取行动，结果走向了成功的巅峰。"

这是多么经典的话呀！职业测评家费特隶说："成功是一种努力的累积，不论何种行业，想攀登上顶峰，通常都需要漫长时间的努力和精心的规划。"看看我们身边的朋友，他们的成功，何尝又不是早已默默无闻地努力了很长一段时间。如果说到我自己的成功，在很大程度上得益于我始终保持着一种主动率先、立即行动的精神。

同样的道理，在一个公司里，如果我们的员工都能够保持主动，时刻把心动不如行动永记心中，让工作成为一种追求，这样，纵使面对缺乏挑战或毫无乐趣的工作，也终能最后获得回报。当新员工养成这种立即行动的习惯时，他就有可能成为企业领导者和部门管理者。那些位高权重的员工就是因为他们以行动证明了自己勇于承担责任，值得信赖。

马林先生在《再努力一点》这本书中曾这样写道："心动不如行动。希望什么，就主动去争取，去促成它的发生。我们无法指望别人来实现我们的愿望，也不能指望一切都已经成熟，然后轻松去摘取果实。永远不会有这样的事情发生，我们要彻底打消这样的念头。"

从这个角度来讲，无论我们做什么事情，我们都要有一种积极主动的意识。我们要相信一点：成功完全是自己的事情，没有人能促使一个人成功，也没有一个人能阻挠一个人达成自己的目标。只有我们把我们想要办成事的付诸行动，我们就能

第七章 赢在行动

走向成功。

在公司中,每一个渴望成功的员工在每一项工作中都要倾听和相信这一点,便可以使自己的生活好转起业,就从今天开始,就从现在工作开始,而不必等到遥远的未来的某一天你找到理想的工作再去行动。

有这样一个故事,讲的是有一个学电子专业的大学生,毕业时被分配到一个让许多人美慕的政府机关,干着一份十分轻松的工作。然而时间不长,年轻人就变得郁郁寡欢。原来年轻人的工作虽轻松,但与所学专业毫无关系,空有一身本事却无用武之地。他想辞职外出闯天下,但内心深处却十分留恋眼下这一份稳定又有保障的舒适工作。要知道外面的世界虽然很精彩,可是风险也大呀!经过反复思量他仍拿不定主意,于是他就将心中的矛盾讲给了父亲。他的父亲听后,给他讲了一个故事:有一个乡下老人在山里打柴时,抬到一只很小的样子怪怪的鸟。那只怪鸟和出生刚满月的小鸡一样大小,也许因为实在太小了,它还不会飞。老人就将这只怪鸟带回家给小孙子玩耍。

老人的小孙子很调皮,他将怪鸟放在小鸡群里,充当母鸡的孩子,让母鸡养育着。母鸡果然没有发现这个异类,全权负起一个母亲的责任。

怪鸟一天天长大了，后来人们发现那只怪鸟竟是一只鹰，人们担心鹰再长大一些会吃鸡。然而，担心是多余的，那只鹰一天天地长大了，却始终和鸡相处得很和睦。只有当鹰出于本能在天空展翅飞翔再向地面俯冲时，鸡群才会引起片刻的恐慌和骚乱。

时间久了，村里的人们对于这种鹰鸡同处的状况越来越看不惯，如果哪家丢了鸡，首先便会怀疑那只鹰。要知道鹰毕竟是鹰，生来就是要吃鸡的。越来越不满的人们一致强烈要求，要么杀了那只鹰，要么将它放生，让它永远也别回来。

因为和鹰相处的时间长了，有了感情，这一家人自然舍不得杀它，他们决定将鹰放生，让它回归大自然。然而，他们用了许多办法，都无法让那只鹰重返大自然。他们把鹰带到村外的田野上，过不了几天那只鹰又飞回来了，他们驱赶它不让它进家门，他们甚至将它打得遍体鳞伤……许多办法试过了，都不奏效。最后他们终于明白：原来鹰是眷恋它从小长到大的家园，舍不得那个温暖舒适的窝。

第七章 赢在行动

后来村里的一位老人说，把鹰交给我吧，我会让它重返蓝天，永远不再回来。老人将鹰带到附近一个最陡峭的悬崖绝壁旁，然后将鹰狠狠地向悬崖下的深涧扔去，如扔一块石头。那只鹰开始也如石头般向下坠去，然而快要坠到涧底时，它只轻轻拍了拍翅膀，就飞向蔚蓝的天空。

它越飞越自由舒展，越飞动作越漂亮。这才叫真正的翱翔，蓝天才是它真正的家园呀！它越飞越高，越飞越远，渐渐地变成了一个小黑点，飞出了人们的视野，永远地飞走了，再也没有回来。听完父亲讲的故事，年轻人痛下决心，辞去公职外出闯天下，终于干出了一番事业。

从这个故事里，我们得到了什么样的启示呢？其实这个故事就是告诉我们：每个人都有自己的天赋，都有适合自己发挥能力的地方，每个员工都有机会。我们不要埋怨自己的弱势和缺陷，而要把注意力集中在自己的优势上面，并能够立即采取行动，我们就能够走向成功的巅峰。

热情是行动的动力

拿破仑说道:"每过一分钟,就是给不幸多一分钟的可乘之机。"

一家大型的办公家具公司,快速地深入香港特区人的生活方式,从而打开了这个巨大的市场,其负责人说,他们销售方式没有别的,"快是我们的风格。我们一接到订单,5分钟后就开始执行了。唯有树立形象,才能获得信任"。

一位口译专家,她从未出过国,却拥有优秀的外语能力。据亲近她的人讲,她什么杂志都看,甚至国内没有的,她都会想办法去国外订,她的知识几乎是与世界同步的。就是这种快速获得资讯的行动让她很自信,使她在任何大场合中展现气度。

看过《阿甘正传》这部电影的人都知道,男主人公看起来

第七章 赢在行动

愚蠢，行动力却是一流的。他相信别人告诉他的话，并且快速地执行，我们正需要这样的行动力。

快速的行动，让我们免去恐惧，免去原地空想，免去坐失良机的遗憾。让快速成为你个性的一部分吧！

热情和积极心态以及你成功过程之间的关系，就好像汽油和汽车引擎之间的关系一样：热情是行动的动力。只要你凡事都热情地去做，拿出你蕴藏于身的能力来，这股力量可以立即改变你人生中的任何层面，能扭转你的环境，使你的美梦成真。

说到热情是行动的动力，使我想起了韩娜在《为自己奋斗》一书中所写的一个故事。李伟是某文化公司的总经理，在他刚创业的时候，他用他的热情为我们谱写了很多的精彩案例。我们知道，在一个企业的创业过程中，如果是在没有资金、没有人才，只有技术和市场的背景下去创业，那么，这种创业过程无疑是一场惊险的冒险，而李伟的创业历程正好给我们说明了这一点。他在刚创业的时候，他凭借着极少的资金，开始了人生的转变。刚开始时，公司就只有他一个人单枪匹马地在商场上厮杀，他一人就担当了众多的角色。他既是领导者，为公司的发展制订了发展目标，他也是技术开发人员，他要把产品开发出来；他既是营销人员，在产品开发出来之后，他要把产品推向市场，他也是清洁工，当办公室很脏时，他要亲自去打扫。更惊奇的是，他在创业时才20岁，看着他那其貌不扬的娃娃脸，虽然他给人体现出了一种精明强干，能够适应市场的变化，但还是给父母和朋友们带来了许多的疑问，人们都认为他不具备创业的资格。

但是，正是这样一个长着娃娃脸的人，经过一年的创业之后，他终于取得新的发展。公司无论是在市场份额，还是在人员规模上都有了新的变化。当人们问起是什么因素使他取得发展时，他坦然一笑说："是我的热情，因为在我的每一步发展中，我都抱有极大的热忱，我都将自己的每一分精力都倾注到我的创业过程中。在每一天，无论在我身上发生什么样的困难，我都会以热情去对待，于是我感到无比的快乐。"

李伟的成绩是50%的热情和50%的勤奋换来的，只要你来到他所领导的公司，你也会被他的热情所感染。用李伟的话来说就是："热情是一股力量，它和信心一起将逆境、失败和暂时挫折转变成为行动。借着控制热情，你可以将任何消极表现和

第七章 赢在行动

经验转变成积极表现和经验。"

下面我们再来看一个故事,这个故事讲的是发生在我高中同学的身上。在我上高中的时候,我有一位同学叫赵磊,他一心想当播音主持人。但是,我这个同学从小就口吃得厉害,只要听一听他平日的谈话就知道,他要当节目主持人无疑是白日做梦,而且从来就没有一个人去鼓励他,包括我在内。

然而,赵磊并不是一个在遭受打击之后就停止不前的人。他从书上读到古希腊的一位著名演说家的故事,这位演说家原来和赵磊一样具有口吃的毛病,但是他通过自己在口里含了一粒石子,到海边面对滚滚的浪涛练习说话,终于矫正了这一缺陷。看到这个故事之后,赵磊也受到了启发,恰好他家附近有一个湖,这个湖碧波荡漾,波光粼粼,每天还能看到从湖面一掠而过的野鸭。在这样的环境里,赵磊也学起了这个古希腊的演说家,他每天从湖边捡一块石子含在嘴里去练习。经过两年苦练之后,他也最终改掉了口吃的毛病。后来,赵磊终于如愿以偿地实现了他的梦想。后来,当北京电视台的记者采访他时,他说:"热情从获得某种渴望的结果开始。每次我开始一项新的计划,无论是为电视节目编剧或为某项新展品作推广活动,我心里都会有某种希望实现的愿望或梦想。实现梦想的第一步是清楚而明确地界定你的梦想并且写下来。当时你也许不了解,不过当你把清楚界定的梦想写下来之后,你就得把对那个梦想的热情的第一个成分存放在心中。"

"接下来要拥有的就是希望。希望并非只是一种'愿望',不是一种空洞甜蜜的感觉。希望是诚挚期待某个所预期的结果。对这个期待越有信心,或所预见的结果越有可能,希望就越大。把你已经开始的梦想化为具体的目标,把具体的目标化为步骤,把步骤再化为任务,会提高你对自己能力的信心,以达成你所预见的结果。这个流程把你对那个愿望或梦想的希望注入你的心中。而希望这个'爆炸性的'成分为一个人的热情增添了真正的动力。"

"最后,当你要达成目标去完成各种任务以及把梦想转化为事实的时候,你将体味到满足与喜悦。当你经历过这种满足与喜悦后,它将进一步增加你对追求更高成就的热情。这是一种滚雪球效应,更多的成就产生更多的喜悦,更多的喜悦产生

第七章 赢在行动

更多的热情,更多的热情产生更多的成就,更多的成就又产生更多的喜悦。因此,虽然一开始你的热情、喜悦与成就可能是一个小雪球,但是在它滚到山底之后,它将变得巨大无比。所以,转化梦想的流程不只是一个把梦想化为事实的工具,它也是一座'处理厂',它把热情的三种必要成分注入你的心中:愿望、希望与喜悦。"

可见,热忱与对事业的执着追求,使赵磊不仅改变了自己的缺点,还成就了赵磊一生的辉煌。同时,从他的身上我们也真正地感受到:无论我们现在的工作多么微不足道,只要我们能以自己的工作为荣,用进取不息的认真态度、火焰似的热忱、主动努力的精神去工作,那么用不了多久,我们就会从平凡的工作岗位上脱颖而出,崭露头角。甚至,这种以工作为荣、积极主动的精神会帮助我们取得更加辉煌的成绩。

马上按指令行动

契诃夫说:"生活是没有旁观者的,无论你想要什么,都需要自己主动去争取。"这就告诫我们要用思想来支配行动,用行动来支配人生,用行动帮助我们走向成功,这是我们提倡行动创新的一种方式之一。在这里,我们就有必要记住"播下一个行动,你将收获一种习惯;播下一种习惯,你将收获一种性格;播下一种性格,你就收获一种命运",伟大的心理学家与哲学家威廉·詹姆斯这样说过。

为了积极地付诸行动,我们必须把"立即行动"这四个字永记于心,因为这四个字是鼓励我们作出抉择并从事行动的动力,他能激励我们去做任何有益的事。

立即行动果真这么重要吗?许多人都有拖延的习惯。由于这种习惯,他们可能出门误车,上班迟到,或者更重要的是失

第七章 赢在行动

去可能更好地改变他们整个生活进程的良机。所以,我们在目标制定好了之后,就不能有一丝一毫的犹豫,而要坚决地投入行动中去,观望、徘徊或者畏缩不前都会使我们停止不前,以至我们的计划化为泡影。

成功靠的是自己的努力,以及在自己努力的基础上得到别人给你的机会,而且成功的人不会抱怨外在的环境而是积极寻找解决问题的方案。

张扬大学毕业之后在一家保险公司作销售代表。这是一项很让人头痛的工作,因为很多人都对保险业务员敬而远之。所以,他的工作开展起来很困难。

办公室的其他人整天对自己的这份工作大都没有信心。"如果我能找到更好的工作,我一定毫不迟疑地离开这里。""那些投保的人,简直太可恶了。整天觉得自己上当了。"当然,这些人只能拿到最基本的薪水。只有在业务部经理催促下,或者是在"胡萝卜+大棒"的督促下,他们才有一点点前进,否则就是原地踏步或者在退步。

唯有张扬和他们不一样。尽管张扬对现状也不是很满意,薪水不高,地位不高。但是他没有放弃,因为他知道,与其说是放弃工作，不如说是在放弃自己。在这个世界上，没人强迫你放弃自己，除非你主动放弃。因为他还相信，努力是没有错误的，而且努力还会让平凡单调的生活富有乐趣。

于是，张扬主动去寻找客户源。他熟记公司的各项业务情况，以及同类公司的业务，对比自己公司和其他同类公司的不同，让客户去选择。虽然一些人很希望多了解一些保险方面的常识，但是他们对推销的反感使他们在这方面的知识很欠缺。张扬知道这些情况之后，主动在社区里办起"保险小常识"讲座，免费讲解。

人们对保险有了更多的了解，也对张扬有了好印象。这时，张扬再向这些人推销保险业务，大家没有反感，反而非常乐于接受，他的努力最终没有白费。张扬的工作业绩突飞猛进，当然薪水也有了很大的提高。整个业务部只有张扬作出了最佳业绩，因为只有他一个能主动行事，这也是他为什么获得成功，而其他人依旧碌碌无为的原因。

主动行事，当你直击目标的时候，你会发现，你自己还有很多潜能没有发挥出来；你比自己想象中的要出色得多，而且你会在平凡而单调的工作中发现很多潜在的乐趣，最重要的是你的自信心还会得到提升，因为你会做得更好。无数的事实已经证明，在现代公司中，没有哪个人可以永远独占鳌头，唯有那些立即行动的人才能掌握未来。